ABHANDLUNGEN DES METEOROLOGISCHEN DIENSTES
DER DEUTSCHEN DEMOKRATISCHEN REPUBLIK

Nr. 137

ALFRED HELBIG

BEITRÄGE ZUR METEOROLOGIE DER STADTATMOSPHÄRE

Mit 57 Abbildungen und 68 Tabellen

AKADEMIE-VERLAG BERLIN
1987

Diese Arbeit wurde im Jahr 1984 vom Wissenschaftlichen Rat der Humboldt-Universität zu Berlin als Dissertation B angenommen.

ISBN 3-05-500254-7
ISSN 0138-5658

Erschienen im Akademie-Verlag Berlin, DDR-1086 Berlin, Leipziger Straße 3—4

Lizenznummer: 202 · 100/443/87
P 4/86
Printed in the German Democratic Republic
Gesamtherstellung: VEB Druckerei „Thomas Müntzer", 5820 Bad Langensalza
Lektor: Dipl.-Met. Heide Deutscher
LSV 1465
Bestellnummer: 763 715 6 (2023/137)
04500

Inhalt

1. Einleitung

Die Besonderheiten des Stadtklimas und der Atmosphäre über Städten und Industriegebieten sind Gegenstand einer seit zwei Jahrzehnten verstärkten Forschung, deren Ergebnisse aus mehreren Gründen von Bedeutung sind.

Erstens stellt die Stadt für einen großen Teil der Menschheit den bestimmenden Lebensraum dar. Gegenwärtig leben ca. 30% der Weltbevölkerung in Städten mit mehr als 5000 Einwohnern und 18% in Städten mit mehr als 100000 Einwohnern (CHANDLER 1976, OKE 1978a). In den industrialisierten Ländern liegt dieser Anteil wesentlich höher. In der DDR bewohnen 10,6 Mio. Menschen — das sind 63% der Gesamtbevölkerung — 639 Städte mit mehr als 5000 Einwohnern und 25% leben in Großstädten mit mehr als 100000 Einwohnern (EHLERT u. a. 1973, *Stat. Jahrbuch* 1979). In Japan beträgt dieser Anteil 70%. Extrema dieser Entwicklung sind die Millionenstädte wie Tokio mit 11,7 Mio., New York mit 9,4 Mio. und Moskau mit 8,0 Mio. Einwohnern (*Länder* 1980). Infolge der sich mit wachsender Geschwindigkeit vollziehenden Urbanisierung rechnet man damit, daß im Jahre 2000 ca. 60% der Weltbevölkerung in Städten mit mehr als 5000 Einwohnern leben werden.

Zweitens entstehen vor allem in den Großstädten und Industrie-Ballungsgebieten komplizierte ökologische Systeme, die im Sinne ihrer Bewohner optimiert werden müssen. Diese Optimierung der Mensch-Umwelt-Beziehungen erfordert jedoch bestimmte soziale Voraussetzungen, wie die Übereinstimmung gesellschaftlicher und individueller Interessen, und sie kann daher nur auf der Grundlage einer sozialistischen Gesellschaftsordnung mit aller Konsequenz betrieben werden (FEDOROV 1979a, KLAUSNITZER 1981). Der urbanen Ökologie kommt dabei die Aufgabe zu, die Wechselbeziehungen zwischen den Organismen und der Stadt zu untersuchen. Diese Wechselbeziehungen schließen die biometeorologischen Wirkungskomplexe — den thermischen, fotoaktinischen und luftchemischen Komplex — ein, die in der Stadt deutliche Veränderungen gegenüber dem unbeeinflußten Umland erfahren und so tiefgreifend auf die Lebensbedingungen der Menschen und der Tier- und Pflanzenwelt einwirken.

HORN (1979) berichtet von einem Fall, wo in einem lufthygienisch extrem belasteten Industriegebiet die Lebenserwartung der Männer um vier Jahre niedriger lag, als es dem Durchschnitt entsprach. Die in der DDR bestehenden Abweichungen in der Lebenserwartung der Bevölkerung, die in Großstädten lebt, von jener der übrigen Bevölkerung betragen nur etwa 0,5 Jahre.

Daraus ergibt sich drittens die zentrale Bedeutung der Steuerung der Luftqualität in industriellen Ballungsgebieten und Großstädten. Der Grad der Luftverschmutzung wird primär durch die Emission der Schadstoffe bestimmt und sekundär durch das Dilationspotential der Atmosphäre. Sieht man von den Emissionen durch den Luftverkehr ab, befinden sich die Schadstoffquellen ausschließlich innerhalb der atmosphärischen Grenzschicht, die damit unmittelbar auf die Konzentrationsverteilung Einfluß nimmt. Gerade dieser Teil der Atmosphäre erfährt jedoch verschiedenartige anthropogene Modifikationen im Strahlungs-, Wind- und Temperaturfeld, die die Abschätzung der Immissionskonzentrationen in stark belasteten Gebieten erschweren.

Viertens ist die Kenntnis der meteorologischen Prozesse und Wechselwirkungen zwischen der Stadt, dem Umland und der Atmosphäre für den eben skizzierten Fall wie für das städtische Bauwesen und für eine optimale Stadtplanung, die sowohl dem Bevölkerungszuwachs, den gesellschaftlichen Forderungen an die Wohnumwelt als auch dem Problem der Energie- und Wasserversorgung Rechnung trägt, notwendige Voraussetzung.

Schließlich sind die in Abhängigkeit von der großräumigen synoptischen Situation auftretenden Differenzen meteorologischer Parameter zwischen Stadt und Umland von einer Größenordnung, die deren Berücksichtigung in lokalen Wettervorhersagen gebietet. Somit kann das Studium der Besonderheiten der Stadtatmosphäre auch zur Präzisierung von Prognosen beitragen.

Im Zusammenhang mit der Untersuchung der gezielten oder unbeabsichtigten Beeinflussung globaler geophysikalischer Prozesse und damit des gegenwärtigen Klimaregimes durch menschliche Aktivitäten halten BERLJAND und KONDRAT'EV (1972) die Ausbildung eines lokal modifizierten Stadtklimas für einen Modellfall der anthropogenen Einwirkung auf das Klima der Erde (s. a. BERLJAND u. a. 1973, BERNHARDT 1978).

Seit einigen tausend Jahren stellen Waldrodungen und Urbarmachung des Bodens Eingriffe des Menschen in die natürlichen Umweltbedingungen dar. Die Umwandlung der Waldflächen in landwirtschaftliche Nutzflächen verringerte die aerodynamische Rauhigkeit der Unterlage, was die Erhöhung der Windgeschwindigkeit, Modifikationen des Temperatur-Feuchte-Milieus und Änderungen hydrologischer Parameter zur Folge hatte.

Im zentralen Tieflandsbereich des Territoriums der DDR östlich der Elbe führten zahlreich Rodungen und

Aufforstungen seit dem 12. Jahrhundert dazu, daß man in dem ehemals vollständig bewaldeten Gebiet heute lediglich auf 15% der Fläche eine naturnahe Vegetation einschließlich naturnaher Wälder antrifft, während der übrige Teil anthropogen beeinflußt ist (SCAMONI 1969).

Hier wie auch in größerem Maßstab hatte dieser Eingriff des Menschen offensichtlich nur begrenzten Einfluß auf die großräumigen meteorologischen Prozesse, da der Wald durch andere Vegetationsarten ersetzt wurde (BOLIN 1979, BUDYKO 1971).

Wesentlich einschneidender sind die Folgen der Urbanisierung und der industriellen Produktion. Neben der radikalen Änderung der Struktur der Erdoberfläche bewirken die Freisetzung von Abwärme sowohl bei der Energieproduktion als auch beim Energieverbrauch und die Emission gasförmiger und fester Abprodukte in die Atmosphäre eine permanente und nachweisbare Modifikation der atmosphärischen Grenzschicht über und im Lee von Städten und Industriegebieten.

Über den lokalen Bereich (10^3—10^5 km^2) hinausgehende anthropogene Einwirkungen auf das Klima sind wegen der Existenz von Wechselwirkungen und wegen der natürlichen Variabilität des Klimas selbst schwer feststellbar (MUNN und MACHTA 1979).

Gegenwärtig ist nicht klar, welche Größenordnungen ein Eingriff in klimabildende Prozesse haben muß, um das Klima im regionalen und globalen Maßstab merkbar zu beeinflussen, noch können die klimatischen Effekte solcher Modifikationen genau vorhergesagt werden. Mit der weiteren Industrialisierung stellt sich jedoch die Frage, wann größere Wärmequellen, die bereits lokal das Klima verändern, auch regional oder global wirksam werden.

Die langzeitliche Entwicklung und Ausprägung des Stadtklimas, insbesondere bezüglich der Lufttemperaturerhöhung gegenüber dem Umland, verdient noch aus einem anderen Grund Beachtung, der mit der Suche und dem Nachweis von Änderungen und von Schwankungen des Klimas verbunden ist. Die Mehrzahl der verfügbaren langen meteorologischen Reihen ist in ihrem Wert sowohl durch Stationsverlegung und Änderung der Beobachtungstechnik als auch dadurch beeinträchtigt, daß die ursprüngliche „Freilandstation" sich infolge des Wachstums der Städte immer mehr zur „Stadtstation" entwickelte und die Meßreihen in zunehmendem Maße durch das Stadtklima geprägt wurden. Damit erhebt sich die Frage, inwieweit Temperaturtrends, die aus diesen langen Reihen abgeleitet wurden, repräsentativ für ein größeres Gebiet sind. Wie DRONIA (1967) und LANDSBERG (1980) anschaulich zeigen, kann der natürliche Temperaturtrend völlig vom anthropogen bedingten Trend (Intensivierung der urbanen Temperaturanomalie im Verlaufe des Stadtwachstums) überlagert sein (vgl. SCHÖNWIESE 1980).

Die Entwicklung des Erkenntnisstandes über das Stadtklima, die Vielfalt der Probleme und die Richtung zukünftiger Forschungen lassen sich anhand der wichtigsten Publikationen erkennen. KRATZERS Monographie „Das Stadtklima" stellte mit ihren beiden Auflagen (2. Auflage 1956) die erste systematische Zusammenstellung stadtklimatologischer Arbeiten dar. Der von der WMO (Weltorganisation für Meteorologie) und dem CIB (Internationaler Rat für Bauforschung) gemeinsam veranstaltete Kongreß 1968 in Brüssel leitete eine neue Etappe in der Untersuchung der Wechselwirkung zwischen der Atmosphäre und der Stadt als Ganzes und dem einzelnen Gebäude ein (WMO 1970). In zunehmendem Maße wird neben experimentellen Arbeiten versucht, mit numerischen Modellen die Struktur der atmosphärischen Grenzschicht über der Stadt zu erfassen, insbesondere zur Vorhersage der Ausbreitungsbedingungen für Schadstoffe in der Atmosphäre. Solche numerischen Modelle nehmen in den Literaturberichten von OKE (1974, 1979a) einen breiten Raum ein.

Auf experimentellem Gebiet lieferten breit angelegte Meßprogramme in Städten umfangreiches Beobachtungsmaterial. Das Projekt „METROMEX" (Metropolitan Meteorological Experiment) in den USA hatte hauptsächlich die Wirkung urbaner Aerosole auf wolkenphysikalische Prozesse und speziell die Analyse des Einflusses der Stadt auf die Niederschlagsbildung zum Inhalt (LOWRY 1974), während im „KĖNĖKS-72" (Kompleksnyj Ėnergetičeskij Ėksperiment) in der UdSSR als Teilexperiment einer Serie zum Studium der Wechselwirkung zwischen Strahlung und atmosphärischer Dynamik die Analyse der kurz- und langwelligen Strahlungsflüsse in der Stadtatmosphäre im Vordergrund stand (BERLJAND u. a. 1974).

Trotz der Vielzahl der Untersuchungsergebnisse stellen sich einer geschlossenen Übersicht der Ursachen und Wirkungen der Modifikation der atmosphärischen Grenzschicht zur Stadtgrenzschicht zahlreiche Schwierigkeiten entgegen, zu denen

— die großklimatischen Unterschiede,
— die stark wechselnden Reliefbedingungen,
— die ausgeprägte räumliche und zeitliche Variabilität der meteorologischen Parameter in einem relativ großen Volumen von 10^2—10^3 km^3,
— die in extrem heterogener Weise verteilten Quellen und Senken von Energie, Masse und Impuls,
— die Irregularität der Stadtstruktur (Anordnung der Straßen und Plätze, Parks, Wasserflächen),
— der unterschiedliche Umfang der industriellen Produktion und
— die unterschiedliche Intensität der anthropogenen Energiefreisetzung in der Stadt

beitragen (vgl. BERNHARDT und KORTÜM 1976, OKE 1982).

Das Anliegen der Arbeit besteht darin, im ersten Teil die in der Literatur beschriebenen Wechselwirkungen zwischen der Gestalt der Erdoberfläche und der Atmosphäre über Städten und Industriegebieten zusammenzufassen. Daran schließt sich ein Überblick über den Energiehaushalt der Stadtgrenzschicht und über das urbane Temperatur-, Wind- und Feuchtefeld an.

Im zweiten Teil wird versucht, anhand des verfügbaren Beobachtungsmaterials regulärer meteorologischer Stationen die Eigenschaften der Stadtatmosphäre über Berlin bezüglich der horizontalen und vertikalen Temperaturverteilung und des vertikalen Windprofils herauszuarbeiten.

Im dritten Teil dienen ein Energiebilanzmodell und eine Variante des instationären Grenzschichtmodells von

BODIN (1979) dazu, die für die zeitliche und räumliche Struktur der urbanen Temperaturanomalie wesentlichen anthropogenen Einflußgrößen zu ermitteln. Die Berechnung des Tagesganges der Stadtalbedo aus Kennzahlen für die Stadtgeometrie und für die optischen Eigenschaften der Stadtoberfläche erfolgt dabei in einem gesonderten Modell.

Der urbane Einfluß auf die Wolken- und Niederschlagsbildung konnte in zahlreichen Untersuchungen nachgewiesen werden. Die wolkenphysikalischen Prozesse sind dabei so vielgestaltig, daß deren Darstellung den Rahmen der vorliegenden Arbeit gesprengt hätte. Das gilt auch für die anthropogenen Einwirkungen auf die Nebelbildung und die Sichtverhältnisse in der Stadt.

Zur Klärung dieser Phänomene hat das Projekt METROMEX erheblich beigetragen (LOWRY 1974, OKE 1974). Über die Modifikation des Niederschlagsfeldes im Raum Berlin kann bei GRAF (1979) und GRAF und GRÄFE (1979) nachgelesen werden.

2. Ursachen der Modifikation der atmosphärischen Grenzschicht zur Stadtgrenzschicht

2.1 Physikalische Grundlagen anthropogener Beeinflussung

Die anthropogene Beeinflussung eines atmosphärischen Systems kann prinzipiell auf zwei Wegen erfolgen, nämlich erstens über die Änderung der Eingangsgrößen und zweitens über einen Eingriff in die Steuergrößen innerhalb des Systems. Angesichts der Größenordnung des Energieumsatzes atmosphärischer Prozesse stellt die zweite Möglichkeit die überwiegende Form anthropogener Einwirkung dar.

Im Eingriff in die Steuerung des Systems realisiert sich das Prinzip „Kleine Ursache — große Wirkung“, wobei die Änderung der Systemausgänge durch „Triggereffekte“ in instabilen Teilsystemen und durch die Auslösung von Kettenreaktionen potenziert werden kann. Hierin liegt sowohl die Gefahr unbeabsichtigter anthropogener Beeinflussungen als auch die Wirksamkeit gezielter Eingriffe begründet.

Am Beispiel der Strahlungsbilanz des Systems Erde/Atmosphäre läßt sich die Rolle der Steuergröße gut demonstrieren. Aus der schematischen Darstellung des Systems (Abb. 1) wird deutlich, daß der Anteil der extraterrestrischen Sonnenstrahlung K_{Ex}, der im Energiespeicher des Systems eine Speicheränderung (Temperaturänderung) bewirkt, von der Steuergröße Reflexion (Albedo $\alpha_{E/A}$) abhängt. Kleine Änderungen der Albedo haben betragsmäßig große Änderungen der Reflexstrahlung $K_{Ex} \cdot \alpha_{E/A}$ und der langwelligen Ausstrahlung $L^*_{E/A}$ des Systems zur Folge.

Auf ihrem Weg durch die Atmosphäre unterliegt die Sonnenstrahlung der selektiven Absorption und der Streuung an den atmosphärischen Gasen und am Aerosol.

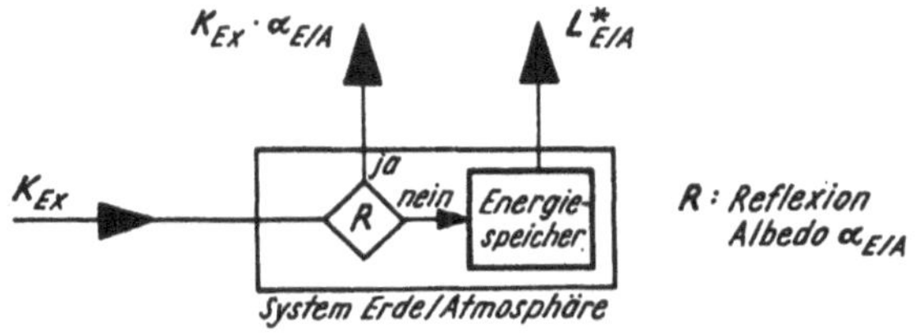

Abb. 1. Steuerung der Strahlungsflüsse im System Erde/Atmosphäre (nach OKE 1978a)

In Gestalt der langwelligen Strahlungsflüsse als Temperaturstrahlung der Atmosphäre und der Erdoberfläche existieren weitere Komponenten des Energiehaushaltes der Atmosphäre, die ebenfalls durch die stoffliche Zusammensetzung der Lufthülle Veränderungen erfahren. Damit sind auch das Mischungsverhältnis der atmosphärischen Gase und die Aerosoleigenschaften solche Steuerungsgrößen, die beeinflußt werden können.

Die thermischen, hygrischen, optischen und dynamischen Eigenschaften der Erdoberfläche stellen zusätzliche Parameter dar, die steuernd auf die Wechselwirkungen und Rückkopplungen zwischen Energie- und Stoffhaushalt Einfluß nehmen.

Denkt man sich über dem Rand eines Teils der Erdoberfläche, dessen Eigenschaften sich von denen der Umgebung unterscheiden, eine vertikale durchlässige Trennfläche und die Obergrenze der atmosphärischen Grenzschicht als obere horizontale Begrenzung, so kann man für diesen Teil der Atmosphäre separate Energie- und Stoffbilanzen aufstellen. Unter der Voraussetzung eines offenen Systems besitzen die Energie- und Stofftransporte, die in das System hinein- und aus dem System herausgerichtet sind, horizontale und vertikale Komponenten, denen jedoch unterschiedliches Gewicht zukommt. So ist die obere Begrenzung des Gebietes für Stofftransporte nicht uneingeschränkt durchlässig, denn die Sperrschichtwirkung von Temperaturinversionen kann den Vertikalaustausch völlig unterbinden. Innerhalb dieses Systems wird der Zustand der atmosphärischen Grenzschicht durch die Gesamtheit aller Wechselwirkungen und Transformationen charakterisiert. Alle Prozesse laufen unter der Wahrung der Erhaltungssätze von Energie und Masse ab.

Unter diesen Bedingungen kann die anthropogene Beeinflussung dieses Systems, gezielt oder unbeabsichtigt, grundsätzlich über

— Veränderungen der Erdoberfläche,
— Eingriffe in den Energiehaushalt und
— Eingriffe in den Stoffhaushalt

erfolgen.

Die Energiebilanzgleichung für das offene System lautet

$$(I + D)(1 - \alpha) + L\downarrow - L\uparrow + Q_H + Q_E + Q_G + Q_F + \Delta Q_S + \Delta Q_A = 0\,, \tag{1}$$

in der die Terme ΔQ_S die Änderung der Wärmespeicherung und ΔQ_A die horizontale Advektion von fühlbarer und latenter Wärme bedeuten. Die Strahlungsbilanz Q^* resultiert aus der mit der Albedo α verknüpften direkten Strahlung I und diffusen Strahlung D einerseits und den langwelligen Komponenten atmosphärische Temperaturstrahlung $L\downarrow$ und terrestrische Temperaturstrahlung $L\uparrow$ andererseits. Den oben genannten Komponenten, dem Wärmeleitungsstrom im Boden Q_G und dem anthropogenen Energiestrom Q_F stehen neben den Speicher- und advektiven Komponenten der fühlbare Wärmestrom Q_H und der latente Wärmestrom Q_E gegenüber. Falls die Energieflüsse zur Oberfläche (System) hin gerichtet sind (Energiegewinn), tragen sie das positive Vorzeichen.

Aus Gl. (1) wird ersichtlich, daß primär die Änderung der Strahlungseigenschaften (Albedo, Emissionskoeffizient) und der dynamischen Eigenschaften (Rauhigkeitshöhe z_0 der Unterlage), die Veränderung der thermischen und hygrischen Kennwerte (Dichte, Wärmeleitfähigkeit, spezifische Wärme, Bodenwassergehalt) des Untergrunds, die Freisetzung von Energie und die Emission von gasförmigen und festen Luftverunreinigungen die anthropogenen Modifikationen der Energie- und Stoffbilanz des Systems bewirken. Sekundär beeinflußt die chemische Zusammensetzung der Atmosphäre den Transport und die Transformation der Strahlung, die als Ein- und Ausgabegröße sowohl an der Obergrenze des Systems als auch an der Erdoberfläche auftritt.

Die Wasserbilanzgleichung lautet für das System

$$P + F + W + ET + \Delta R + \Delta S + \Delta A = 0 \qquad (2)$$

mit P — Niederschlag, F — Wasserfreisetzung durch Verbrennungsprozesse, W — kanalisierte Wasserzufuhr aus Flüssen oder Staubecken, ΔA — Netto-Feuchteadvektion, ΔR — Netto-Abfluß, ΔS — Netto-Wasserspeicherung und ET — Evapotranspiration.

Einer unmittelbaren anthropogenen Einwirkung unterliegen die Terme F und W, während mittelbar der Nettoabfluß ΔR und in Verbindung mit der Energiebilanz auch die Evapotranspiration beeinflußbar ist (Dyck 1978, Oke 1978a).

Anthropogene Veränderungen der physikalischen Eigenschaften der Erdoberfläche wirken unmittelbar auf die meteorologischen Vorgänge in der bodennahen Luftschicht ein. Ihr direkter Einfluß ist in der Regel noch in der Grenzschicht nachweisbar, während in der oberen Troposphäre keine oder nur indirekte Effekte feststellbar sind (Bernhardt und Kortüm 1976).

Betrachtet man die atmosphärische Grenzschicht speziell über einem Stadtgebiet als ein solches offenes System, so lassen sich die urbanen Besonderheiten im Temperatur-, Feuchte- und Windfeld sowie im Strahlungsregime als Folgen der verschiedenartigen anthropogenen Eingriffe interpretieren.

Die Resultate der bisherigen experimentellen Untersuchungen der Stadtatmosphäre unterstützen die von Oke (1976) vorgeschlagene Einteilung der Stadtatmosphäre in eine Stadthindernisschicht (urban canopy layer), die vom Boden bis zum mittleren Dachniveau reicht, in eine Übergangsschicht (transitional layer) und in die eigentliche Stadtgrenzschicht (urban boundary layer). Dieses Konzept berücksichtigt die Tatsache, daß sich die Dachflächen in vertikalen Temperatur- und Windprofilen als zweite Bodenfläche, d. h. als weitere aktive Fläche abbilden. In der Stadthindernisschicht stellen die meteorologischen Verhältnisse eine Mischung aus den unterschiedlichen Mikroklimaten dar, die sich in Wechselwirkung mit ihrer unmittelbaren Umgebung (Gebäude, Straßen, Plätze, Parks, Wasserflächen) bilden. Die Stadtgrenzschicht stellt dagegen ein lokales bis regionales Phänomen dar, dessen Eigenschaften durch die generalisierte Stadtoberfläche determiniert sind (Oke 1978a).

Die Obergrenze der Stadtgrenzschicht als interner Grenzschicht liegt dort, wo der Einfluß (thermisch oder dynamisch) der Stadtoberfläche verschwindet (Abb. 2).

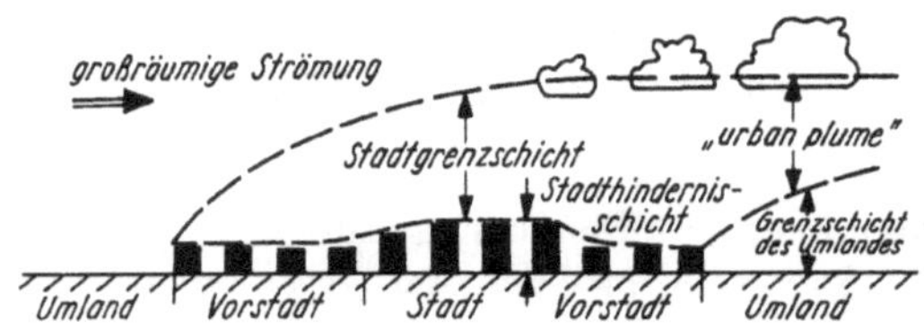

Abb. 2. Schematischer Aufbau der Grenzschicht über einer Stadt (nach Oke 1978a)

An der luvseitigen Begrenzung der Stadt beginnt in Wechselwirkung mit der veränderten Unterlage die Ausbildung der Stadtgrenzschicht, deren Mächtigkeit erst schnell und dann langsamer in Strömungsrichtung zunimmt. An der leeseitigen Stadtgrenze vollzieht sich analog dazu in Anpassung an die neuen Oberflächenparameter die Ausbildung der Grenzschicht des Umlandes, wobei oberhalb dieser die Stadtgrenzschicht als „urban plume" weiter existiert und erst nach längerem Strömungsweg sich infolge der vertikalen Durchmischung nicht mehr von der umgebenden atmosphärischen Grenzschicht unterscheidet.

Diese „urban plume", nachgewiesen sowohl im Temperaturfeld als auch anhand der Konzentration von Luftbeimengungen, stellt damit eine Modifikation der Grenzschicht nicht nur über dem Stadtareal selbst, sondern auch bis zu Entfernungen von $1—2 \cdot 10^2$ km leewärts dar (Breeding u. a. 1975). Diesen Effekt muß man beim Nachweis von Modifikationen berücksichtigen, wenn er sich auf der Gegenüberstellung von Meßwerten an Stationen innerhalb der Stadt und im Umland gründet.

Die mittleren Veränderungen meteorologischer Parameter in der Mischungsschicht über und im Lee von

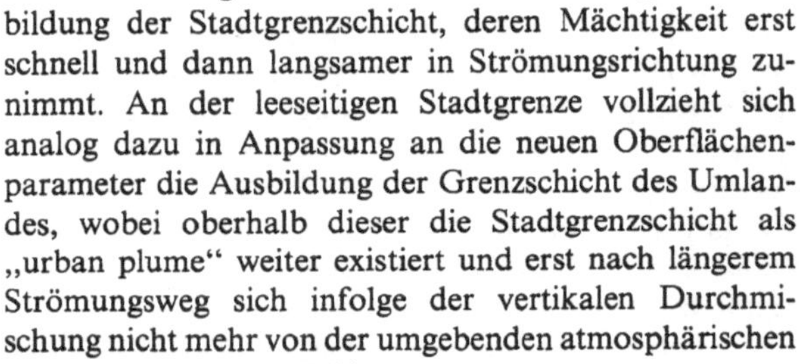

Abb. 3. Modifikation der Mischungsschicht über und im Lee von St. Louis gegenüber dem Umland-Zustand (Index L) in Abhängigkeit von der Transportzeit aus dem Stadtzentrum (nach Shea und Auer 1978)

St. Louis an einem Sommertag in Abhängigkeit von der Verlagerungszeit aus dem Stadtzentrum zeigt Abb. 3, deren Inhalt eine Synthese verschiedener Messungen darstellt.

2.2 Bereiche der anthropogenen Eingriffe

2.2.1. Veränderung der Unterlage

Die Umwandlung der natürlichen Vegetationsflächen in eine Stadtlandschaft führt zu einer Änderung der Strahlungseigenschaften der Unterlage sowohl im kurzwelligen (Albedo) als auch im langwelligen Spektralbereich (Emissivität).

Die Stadt stellt ein Ensemble von Flächen unterschiedlicher Reflexionseigenschaften und Exposition dar. Der überwiegende Teil von Daten über die Albedo natürlicher und technischer Oberflächen gilt für den gesamten kurzwelligen Spektralbereich (Tab. 1). Durch die Struktur der Baukörper kommt es zu Mehrfachreflexionen innerhalb der Gebäudekomplexe, die eine Abnahme der Albedo im Vergleich zum Wert einer horizontalen Fläche mit gleichen Oberflächeneigenschaften zur Folge haben.

Die räumliche Orientierung und die zeitweise Abschattung einzelner Gebäudeflächen bewirken, daß auch das Verhältnis von direkter Sonnenstrahlung zur diffusen Strahlung den Betrag der Stadtalbedo beeinflußt. Allgemein wird die Albedo von europäischen und nordamerikanischen Städten mit $\alpha = 0{,}10$—$0{,}30$ angegeben. Der Mittelwert liegt bei $\alpha = 0{,}15$ (Kung u. a. 1964, Oke 1974). Sowohl die Albedo der einzelnen Flächen als auch die Albedo der Stadtoberfläche insgesamt hängt von der Sonnenhöhe (im Fall der Mehrfachreflexion vom Einfallswinkel der Strahlung) ab und weist daher sowohl einen Tages- als auch einen Jahresgang auf.

Der typische Tagesgang der Stadtalbedo besitzt ein Mittagsminimum und Maxima morgens und abends (Mayer und Noack 1980, Smolen 1972). Nach Flugzeugmessungen in 500 m Höhe über Zaporož'e verringerte sich die Stadtalbedo zwischen den Morgenstunden und dem Sonnenhöchststand von 0,18 auf 0,15 und über dem Umland von 0,21 auf 0,18 (Denežkina u. a. 1974). Ähnliche Tagesgänge der integralen Stadtalbedo erhielten White u. a. (1978) bei Messungen über St. Louis. Der Mittelwert der Albedo wie auch die Amplitude des Tagesganges weisen deutliche Unterschiede zwischen Stadtgebieten mit hohem Industrie- und geringem Grünflächenanteil (Typ I1, I2) und dem Altstadtbereich mit dichter Bebauung (R2, R3) auf (Abb. 4).

Die Anwesenheit einer Schneedecke verstärkt die Albedounterschiede zwischen Stadt und Umland, weil die Reflektivität im Umland auf 0,75—0,90 ansteigt und in der Stadt nur die horizontalen Flächen der Baukörper eine Albedoänderung erfahren, die vertikalen jedoch nicht (vgl. Mayer und Noack 1980). Infolge der Schneeberäumung der Straßen und Plätze und gegebenenfalls auch durch das verstärkte Tauen des Schnees als Folge erhöhter Lufttemperatur in der Stadt bleibt hier die Schneedecke nicht lange liegen. Außerdem verursacht die Ablagerung fester Luftbeimengungen eine rasche Abnahme der Albedo der Schneeoberfläche.

Tabelle 1

Strahlungseigenschaften von typischen Baumaterialien, Stadtflächen und natürlichen Oberflächen (nach Buettner und Kern 1965, Cicenko 1967, Geiger 1961, Hosler und Landsberg 1977, Oke 1979a)

Oberfläche	Albedo α	Emissionskoeffizient ε ($\lambda = 4$—$100\ \mu m$)
1. Straßen		
Asphalt	0,05—0,20	0,95
Mittelwert	0,18	
2. Wände		
Beton	0,10—0.35	0,71—0,90
Beton weiß	0,71	—
Ziegel	0,20—0,40	0,90—0,92
Naturstein	0,20—0,35	0,85—0,95
Holz	—	0,90
Kalkmörtel	0,27	0,91
Mittelwert	0,30	—
3. Dächer		
Teer und Splitt	0,08—0,18	0,92
Dachziegel	0,10—0,35	0,90
Schiefer	0,10	0,90
Wellblech	0,10—0,16	0,13—0,28
4. Fenster		
Glas Sonnenhöhe >60°	0,08	0,87—0,94
Glas Sonnenhöhe 10—60°	0,09—0,52	0,87—0,92
5. Anstriche		
weiß	0,50—0,90	0,85—0,95
rot, braun, grün	0,20—0,35	0,85—0,95
schwarz	0,02—0,15	0,90—0,98
6. Stadtgebiet		
Wertebereich	0,10—0,30	0,85—0,95
Mittelwert	0,15	—
7. Natürliche Oberflächen		
trockener, heller Sandboden	0,25—0,45	0,914
Getreidefeld	0,10—0,25	—
Wiese	0,15—0,25	—
Laubwald	0,15—0,20	0,90
Nadelwald	0,10—0,15	0,90
Wasserflächen	0,03—0,10	0,97
dunkler Ackerboden	0,07—0,10	0,90—0,98
Neuschneedecke	0,75—0,90	0,98
Altschneedecke	0,40—0,70	—

Messungen der spektralen Albedo im Bereich von $\lambda = 0{,}70$—$1{,}65\ \mu m$ über Zaporož'e ergaben ebenfalls ein Minimum über der Stadt. Die Unterschiede in den mittleren Vertikalprofilen der spektralen Albedo für die Wellenlängen $\lambda = 0{,}97\ \mu m$ und $\lambda = 1{,}00\ \mu m$ zwischen Stadt und Umland (Abb. 5) resultieren aus den unter-

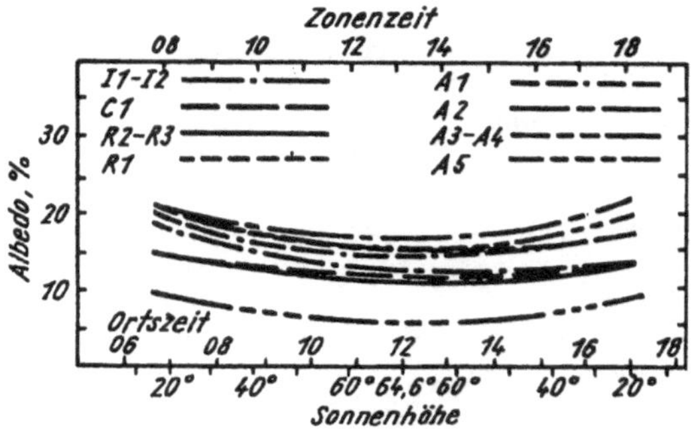

Abb. 4. Tagesgänge der Albedo nach Flugzeugmessungen über St. Louis für unterschiedliche Stadtflächen am 18. August 1976 (I1—I2 Industriegebiet, C1 Geschäftsviertel, R1—R3 Wohnviertel verschiedener Bebauungsdichte, A1—A4 Parks, Grünflächen, A5 Wasserflächen) (nach WHITE u. a. 1978)

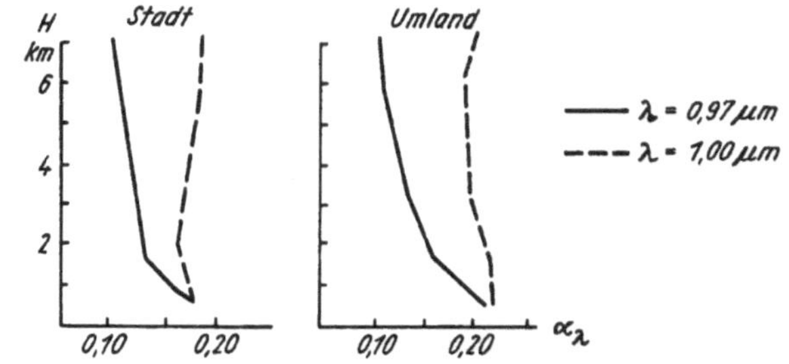

Abb. 5. Mittlere vertikale Profile der spektralen Albedo α_λ über Stadt und Umland für zwei Wellenlängen über Zaporož'e (nach KONDRAT'EV und KORZOV 1975)

schiedlichen Oberflächeneigenschaften und aus der von der Aerosolstruktur abhängigen unterschiedlichen Extinktion der auf- und abwärtsgerichteten Strahlungsflüsse (KONDRAT'EV und KORZOV 1975).

Der Emissionskoeffizient ε für die Temperaturstrahlung natürlicher und technischer Oberflächen variiert für die einzelnen Materialien zwischen 0,13 und 0,98 (Tab. 1) und wird als integraler Wert für Stadtgebiete mit 0,85—0,95 angegeben (OKE 1978a).

Bezüglich der mittleren Werte der Emissionskoeffizienten von Stadt und Umland erreichen die Differenzen zwischen ihnen nicht so große Beträge wie bei den Albedo-Werten. Allerdings kann bei geringen Temperaturunterschieden der emittierenden Körper das Vorzeichen der Differenz beider Emissionskoeffizienten das Vorzeichen der langwelligen Strahlungsbilanz entscheiden, worauf YAP (1975) hinweist. Schreibt man für die Differenz der langwelligen Strahlungsbilanz von Stadt (S) und Umland (L)

$$\Delta L^*_{S-L} = \Delta L\downarrow_{S-L} - (\varepsilon_S \sigma T_S^4 - \varepsilon_L \sigma T_L^4) \qquad (3)$$

und setzt man für $\Delta L\downarrow_{S-L}$ nachts einen kleinen positiven Wert, dann wäre bei $\varepsilon_S = \varepsilon_L = 1{,}0$ der Klammerausdruck positiv und erfahrungsgemäß größer als $\Delta L\downarrow_{S-L}$, so daß die effektive Ausstrahlung in der Stadt größer ist als im Umland. Für den Fall, daß $\varepsilon_S = 0{,}92$ und $\varepsilon_L = 0{,}98$ sind, nähme die effektive Ausstrahlung dagegen im Umland größere Beträge an. Die Größe dieser Differenzen hängt von der absoluten Temperatur und der Intensität der Wärmeinsel ab.

Bei dieser Rechnung wird eine Unkorrektheit begangen, auf die schon JUDIN (zit. bei KONDRAT'EV 1956; vgl. GERTHSEN 1951) hinweist, daß nämlich bei $\varepsilon < 1{,}0$ zum Betrag der terrestrischen Ausstrahlung noch der reflektierte Anteil der atmosphärischen Temperaturstrahlung zu addieren sei. Es gilt daher exakt:

$$L\uparrow = \varepsilon\sigma T^4 + L\downarrow(1 - \varepsilon)\,. \qquad (4)$$

Offenbar führt die Tatsache, daß $\varepsilon \approx 1$ für natürliche Oberflächen ist, zur allgemeinen Vernachlässigung dieses Zusatzterms in den Bilanzgleichungen.

Für die Größen Dichte, Wärmeleitfähigkeit und spezifische Wärme des Untergrundes lassen sich für die Stadt wegen der Vielfalt der Baustoffe nur mittlere Werte angeben. Sie zeigen jedoch besonders bezüglich der Wärmeleitfähigkeit deutliche Differenzen zu den Beträgen für den natürlichen Boden (Tab. 2).

Tabelle 2
Thermische Eigenschaften von Baumaterialien und Mittelwerte für die Stadt und das Umland (nach OKE 1978a, *Taschenbuch* 1970)

Material	Dichte ϱ_G kg/m³ × 10³	spez. Wärme c_G J/kg · K × 10³	Wärmeleitfähigkeit λ_{G^w} W/m · K	Temperaturleitfähigkeit $\lambda_G/\varrho_G \cdot c_G$ m²/s × 10⁻⁶
Beton,				
Gas-	0,32	0,88	0,08	0,29
Schwer-	2,40	0,88	1,51	0,72
Ziegel	1,83	0,75	0,83	0,61
Holz	0,32	1,42	0,09	0,20
Stahl	7,85	0,50	53,3	13,6
Stadt	2,2—2,5	0,71—0,92	1,7—4,6	0,74—20,0
Umland	2,2—2,4	0,71—0,92	0,21—2,1	0,30—0,80

Im Gegensatz zum Umland ist wegen der Versiegelung der Stadtoberfläche durch Pflaster, Beton- und Asphaltdecken die natürliche Versickerung des Niederschlagwassers in den Boden stark eingeschränkt. Das städtische Kanalisationsnetz sorgt für eine rasche Abführung des Wassers. Die Wasseraufnahmefähigkeit der Baumaterialien ist im allgemeinen sehr gering.

Die Vielfalt der Gebäude, Straßen und Freiflächen bewirkt eine sich im Windfeld deutlich abzeichnende Erhöhung der Rauhigkeit der Unterlage. Aus Windprofilmessungen abgeleitete Werte der Rauhigkeitshöhe z_0 variieren zwischen 0,5 und 4,0 m (siehe auch Abschn. 4.1.2.).

Die Ausdehnung der bebauten Flächen ist in stetem Wachstum begriffen und erreicht in den Industriestaaten beträchtliche Größenordnungen. So beträgt in England und Wales der Anteil der bebauten Fläche bereits 12% der Gesamtfläche und wird auf 15,4% im Jahre 2000 zunehmen (CHANDLER 1976). Das Straßennetz in den USA nimmt allein eine Fläche von $7{,}0 \cdot 10^4$ km² ein, das sind 0,8% der Gesamtfläche (SMIC 1971). Unter Berücksichtigung der landwirtschaftlichen Nutzfläche, der Wald- und Wasserfläche läßt sich der Anteil der bebauten Fläche in der DDR zu 13% abschätzen (*Statistisches Jahrbuch* 1979).

2.2.2. Eingriffe in den Energiehaushalt

Die anthropogene Energiefreisetzung hat in der Energiebilanz der Atmosphäre in Abhängigkeit vom Maßstab der betrachteten Prozesse unterschiedliche Bedeutung.

Die globale Energieerzeugung, basierend auf der Verbrennung fossiler Brennstoffe wie Kohle, Erdgas und Erdöl und einem zunehmenden Anteil der Verwertung der Kernenergie, erhöhte sich von $2{,}0 \cdot 10^{12}$ W im Jahre 1950 auf $8{,}0 \cdot 10^{12}$ W im Jahre 1975. Berechnungen von Williams u. a. (1979) zufolge entsprach die Weltenergieerzeugung von $7{,}5 \cdot 10^{12}$ W im Jahre 1971 einer mittleren Energieerzeugung von 1,9 kW pro Kopf der Weltbevölkerung. Infolge des unterschiedlichen Entwicklungsstandes der einzelnen Länder liegt die Pro-Kopf-Produktion für 72% der Weltbevölkerung unter 2 kW, während für 6% die Pro-Kopf-Produktion zwischen 7 und 11 kW beträgt.

Der Betrag der Weltenergierzeugung von $8{,}0 \cdot 10^{12}$ W entspricht etwa 0,01% der vom System Erde—Atmosphäre absorbierten Sonnenenergie. Geht man mit Budyko (1971) davon aus, daß eine Änderung der auf der Erde empfangenen Sonnenstrahlung um 1% eine Änderung der Oberflächentemperatur der Erde von 1,5 K zur Folge hätte, resultierte aus der gegenwärtigen Energieproduktion eine Erhöhung der Mitteltemperatur um 0,01 K. Welche globalen Auswirkungen die weiter steigende Energieproduktion auf die atmosphärische Zirkulation und damit auf das Klima haben wird, ist noch unklar (Rotty 1979). Numerische Experimente von Egger (1979) zeigen, daß erst bei unrealistisch hohen Werten der Energieproduktion von 10^{14} W, freigesetzt in großen industrialisierten Gebieten, Modifikationen der atmosphärischen Zirkulation zu erwarten sind. Bei Beibehaltung der gegenwärtigen Steigerungsrate der Energieproduktion wäre allerdings schon im nächsten Jahrhundert der Einfluß der freigesetzten Energie im globalen Maßstab signifikant (Budyko 1977).

Tabelle 3

Flußdichten der anthropogenen Energieproduktion Q_F in ausgewählten Territorien (nach Bernhardt und Kortüm 1976, SMIC 1971)

	Jahr	Fläche km²	Q_F W/m²
Festland ohne Antarktis	1968	$135{,}8 \cdot 10^6$	0,048
USA	1967	$7760 \cdot 10^3$	0,24
Japan	1967	$366 \cdot 10^3$	0,71
VRP	1965	$312 \cdot 10^3$	0,27
BRD	1970	$246 \cdot 10^3$	1,51
RSFSR	1967	$256 \cdot 10^3$	0,85
DDR	1973	$108 \cdot 10^3$	1,49

Wegen der stark inhomogenen Verteilung der Energiequellen auf der Erdoberfläche besitzt die anthropogene Energiezufuhr an der Grenzfläche zwischen Erde und Atmosphäre in Städten und Industriegebieten bereits gegenwärtig Flußdichten, die die Größenordnung natürlicher Energieflüsse erreichen und übertreffen. Wie aus Tab. 3 ersichtlich, macht die anthropogene Energieproduktion in der DDR bereits mehr als 3% der mittleren jährlichen Strahlungsbilanz aus und steigt in amerikanischen Großstädten auf Extremwerte von 200 W/m² an (Tab. 4) (vgl. auch Bernhardt und Kortüm 1976).

Beim Vergleich der Energieflußdichten muß man beachten, daß hohe Beträge von Q_F sowohl eine Folge großer Bevölkerungsdichten bei mittlerem Pro-Kopf-Energieverbrauch als auch eine Folge hohen Pro-Kopf-Energieverbrauchs bei kleiner Bevölkerungsdichte sein können (vergleiche die Angaben für Manhattan und Fairbanks in Tab. 4).

Tabelle 4

Pro-Kopf-Energieverbrauch, Flußdichten der anthropogenen Energieproduktion Q_F und der natürlichen Strahlungsbilanz Q^* in ausgewählten Städten (nach Oke 1979a, Kraujalis 1975)

Stadt	Jahr	Jahreszeit	Bevölkerung 10^6 Ew.	Pro-Kopf-Verbrauch $MJ \cdot 10^3$/Ew.	Q_F W/m²	Q^* W/m²
Singapur (1° N)	1972	Jahr	2,1	25	3	110
Manhattan (40° N)	1967	Jahr	1,7	128	117	93
		Sommer			40	—
		Winter			198	—
Montreal (45° N)	1961	Jahr	1,1	221	99	52
		Sommer			57	92
		Winter			153	13
Budapest (47° N)	1970	Jahr	1,3	118	43	46
		Sommer			32	100
		Winter			51	—
Chorzów (50° N)	1965	Jahr	—	—	82	—
Berlin (West) (52° N)	1967	Jahr	2,3	67	21	57
Sheffield (53° N)	1952	Jahr	0,5	58	19	56
Fairbanks (64° N)	1965—70	Jahr	0,03	740	19	18

Für einzelne energieintensive Industriekomplexe erhält man noch sehr viel höhere Flußdichten. So ergab sich beispielsweise aus den Rauchgasmengen und -temperaturen des Braunkohlenkombinates Böhlen eine Wärmestromdichte von 907 W/m^2 auf einer Fläche von 0,26 km^2 (HELBIG 1966).

In welchem Maße sich der anthropogene Energiefluß auf Prozesse in der Atmosphäre und in erster Linie in der Grenzschicht auswirken kann, hängt vom Verhältnis der produzierten thermischen Leistung zur Fläche der Quelle ab. FORTAK (1977, 1979) entwarf dazu ein Diagramm zur Festlegung der Mindestabstände von Energieerzeugungsanlagen, welches anschaulich zeigt, daß zwar der absolute vertikale Energiefluß des Ruhrgebietes von 10^5 MW etwa dem eines kleinen Cumulonimbus entspricht, jedoch die Energieflußdichte von 10 W/m^2 im Ruhrgebiet gegenüber der von 10^3 W/m^2 im Cumulonimbus relativ klein ist.

Verstärkte Ausbildung von Konvektionsbewölkung und intensive Vertikalbewegungen mit Geschwindigkeiten bis zu 15 m/s (Industriethermik) bei schwachwindigen Wetterlagen sind häufig über Wärmekraftwerken und anderen Anlagen mit hoher Wärmeabgabe zu beobachten (HELBIG 1966).

Bei den Städten handelt es sich bezüglich der Wärmeemission dagegen um flächenhafte Quellen großer Ausdehnung, und dieser Tatsache ist die Ausbildung eines besonderen Stadtklimas zu verdanken.

Über den Tagesgang von Q_F in den gemäßigten Breiten liegen nur wenig quantitative Angaben vor. Aus den Tagesgängen des Elektroenergieverbrauchs als einer wichtigen Komponente von Q_F ergibt sich je ein Maximum in den Morgen- und Abendstunden und ein sekundäres Maximum mittags (LANGNER und v. SCHÖNERMARK 1969, RIESNER 1980). Während sich im Tagesgang offensichtlich der Lebensrhythmus der Menschen widerspiegelt, werden im Jahresgang die klimatischen Unterschiede der Jahreszeiten dominant (vgl. Tab. 4). Langfristige Schwankungen des Verbrauchs an Elektroenergie und Brennstoffen besitzen eine enge Kopplung an den langjährigen Gang der Lufttemperatur (QUAFE und DIAZ 1980).

2.2.3. Eingriffe in den Stoffhaushalt

Die vom Flugzeug aus und selbst noch im Satellitenbild erkennbare Dunstglocke über Städten und Industriegebieten zeugt von signifikanten Eingriffen in den Stoffhaushalt durch die Emission gas- und partikelförmiger Stoffe. Ähnlich wie beim anthropogenen Eingriff in den Energiehaushalt sind die anthropogenen Quellen des Aerosols im globalen Maßstab von untergeordneter Bedeutung, während sie in industriellen Ballungsgebieten sowohl in meteorologischer als auch in lufthygienischer Sicht eine entscheidende Rolle spielen.

Die globale Ergiebigkeit aller Partikelquellen beträgt geschätzt etwa $1300 \cdot 10^6$ t/a, davon entfallen $92 \cdot 10^6$ t/a (oder 7%) auf industrielle Aerosole. Die Umwandlungsprozesse von Gasen (H_2S, SO_2, NO_x, NH_3, Terpenen und Hydrocarbonen) in Partikel (Sulfate, Nitrate, Ammonium und organisches Aerosol) liefern jährlich etwa $1309 \cdot 10^6$ t, davon 15,6% anthropogenen Ursprungs. Somit ergibt sich eine geschätzte jährliche Partikelproduktion im globalen Maßstab von $2608 \cdot 10^6$ mit einem anthropogenen Anteil von 11,4% (BERNHARDT und KORTÜM 1976, HORN 1979). Das Wachstum des Aerosolgehaltes industriellen Ursprungs wird für die Nordhalbkugel bis zum Jahr 2000 mit jährlich 0,3—0,4% angenommen (KONDRAT'EV 1980).

Die Konzentration und die chemische Zusammensetzung der Luftbeimengungen unterliegen einer großen raumzeitlichen Variation, und beide hängen zudem von zahlreichen technischen Faktoren ab. Während der Durchführung von KĖNĖKS-72 betrug die tägliche Belastung der atmosphärischen Grenzschicht in Zapo-rož'e, einem metallurgischen Zentrum in der Ukraine, 1300 t Aerosol und zwar mit 60% CO, 17% Staub, 10% Stickoxid, 7% SO_2, 3% Kohlenwasserstoff und weiteren Anteilen an Chlor, Ammoniak, Phenol u. a. 75% dieses Aerosols entstammten industriellen Prozessen und 25% dem Straßen- und Schienenverkehr (BERLJAND u. a. 1974).

In Städten mit hoher Bevölkerungsdichte trägt vor allem der Hausbrand erheblich zur Aerosolproduktion bei. So werden über 80% des Energiebedarfs in den Städten der DDR durch fossile Brennstoffe gedeckt, deren Verbrennungsrückstände erheblich die Stadtatmosphäre belasten (Tab. 5).

Der Einfluß der Technologie der Verbrennung zeigt deutlich Tab. 6. Aus ökonomischen Gründen sorgt man in Wärmekraftwerken für eine möglichst vollständige

Tabelle 5
Spezifische Emission des Hausbrands mit Braunkohle (nach LANGNER 1980)

Emissionskomponente	spezifische Emission mg/MJ
SO_2	253
NO_x	43
CO	3440
org. Dämpfe und Gase	155
Aldehyde	0,07
Staub	361

Tabelle 6
Emission luftverunreinigender Gase bei der Kohleverbrennung (in Kilogramm pro Tonne verheizter Kohle) (nach ISRAEL und ISRAEL 1973)

	Elektrizitäts-kraftwerke	industrielle Kraftwerke	Hausbrand
Aldehyde	0,003	0,003	0,003
CO	0,25	1,5	25
Kohlenwasserstoffe	0,1	0,5	5
NO_x	10	10	4
SO_2	40	40	40

Bemerkung: Angaben gelten für einen Schwefelgehalt der Kohle von 2%.

Verbrennung. Die im Hausbrand verwendeten Kohleöfen sind dagegen häufig verbrennungstechnisch unzulänglich und tragen durch Rauch- und Rußentwicklung und einen hohen spezifischen Anteil unvollständig verbrannter Gase wesentlich zur Luftverunreinigung bei.

Mohry und Wilsdorf (1972) schätzten unter der Annahme einer 5monatigen Heizperiode und unter Berücksichtigung des Umstandes, daß 92,6% der Wohnräume in der DDR durch Einzelöfen mit festen Brennstoffen beheizt wurden (Angaben für 1969), den Anteil des Hausbrandes an der Luftverunreinigung im Winter auf 35 bis 50%.

Langjährige Schwebestaubmessungen in unterschiedlich staubbelasteten Gebieten der DDR ergeben für die Maximal- und Minimalmittelwerte ein Verhältnis von 6:1. Der Mittelwert der Staubkonzentration für den Zeitraum 1965—1970 liegt im Zentrum Dresdens mit 162 $\mu g/m^3$ am höchsten. Am Stadtrand von Halle wurden 138 $\mu g/m^3$ gemessen, während Mittelwerte unter 40 $\mu g/m^3$ in den nördlichen Bezirken außerhalb von Städten und auf den Gipfeln der Mittelgebirge gelten. In Halle liegt das absolute Maximum als Mittelwert über 24 Stunden bei 628 $\mu g/m^3$ und übertrifft damit den MIK-Wert von 150 $\mu g/m^3$ um ein Vielfaches (Zier 1972).

Die SO_2-Konzentration beträgt außerhalb der Städte im Mittel 0,001 mg/m^3 und erreicht in Großstädten Spitzenwerte von 10^0—10^1 mg/m^3 bei einem Mittelwert von 0,5 mg/m^3. Die Grundkonzentration von CO liegt im Umland bei 0,01 mg/m^3. In den Städten beträgt der Mittelwert 10 mg/m^3 bei Extremwerten von 200—300 mg je m^3 (Berljand und Kondrat'ev 1972, SMIC 1971). Die Konzentrationen weisen in der Heizperiode deutlich höhere Werte auf als in der heizfreien Zeit. So liegen in Leipzig die zugehörigen Mittelwerte der SO_2-Konzentration in der Stadtgrenzschicht um 31% über bzw. 43% unter dem Jahresmittelwert. Das Immissionsverhältnis zwischen Heizperiode und heizfreier Zeit beträgt 2,3 (Hänsel 1979).

Die stärkste Anreicherung der Luftbeimengungen vollzieht sich im Bereich der atmosphärischen Grenzschicht, wobei in Abhängigkeit von der mittleren Höhe der Quellen und der thermischen Schichtung in der Vertikalverteilung ein Konzentrationsmaximum zwischen 100 und 300 m Höhe auftritt.

Die für die meteorologischen Prozesse in der Stadtgrenzschicht relevanten Veränderungen im Wasserhaushalt bestehen in der hohen Wasserzuführung als Trink- und Brauchwasser in das Stadtgebiet. Erhebliche Mengen dieses Wassers verdunsten bei der Bewässerung von Parks und verdampfen in Kühltürmen und von heißen Abwässern. Flohn (1973) schätzt die jährliche zusätzliche Verdunstung im Ruhrgebiet auf 140 mm, das sind 30% der natürlichen Evapotranspiration.

3. Struktur der Stadtgrenzschicht

3.1 Energiehaushalt

3.1.1. Kurzwellige Strahlungsflüsse

Die Transformation der kurz- und langwelligen Strahlungsflüsse in der Stadtatmosphäre zählt zu den wesentlichen Folgen der anthropogenen Erhöhung der Anzahl der Komponenten und der Konzentration des urbanen Aerosols, und zwar sowohl in quantitativer als auch in qualitativer Hinsicht. Im gleichen Sinne wirken die gegenüber dem Umland veränderten Reflexions- und Emissionseigenschaften der Unterlage.

Die Schwächung der Globalstrahlung $K\downarrow$ beim Durchgang durch die Stadtgrenzschicht hängt sowohl von der jahreszeitlich variablen Aerosolkonzentration als auch von den optischen Eigenschaften des Aerosols ab. Allgemein werden Reduktionen um 15—20% angegeben (Landsberg 1970), die im Einzelfall unter- und überschritten werden können (Tab. 7). Beim Vergleich von Strahlungsmessungen innerhalb und außerhalb der Stadt muß beachtet werden, daß auch die für das Umland repräsentative Station durch horizontale Aerosoltransporte im Bereich der „urban plume“ beeinflußt wird und dadurch in Abhängigkeit von der mittleren Windrichtung unterschiedliche Beträge berechnet werden, wie Wendling und Pohl (1979) am Beispiel der Stadt Halle zeigen.

Sehr hohe Schwächungen der direkten Sonnenstrahlung, wie sie Böer (1964) angibt, treten nur im Einzelfall bei starker Verunreinigung und geringer Sonnenhöhe auf. Registrierungen der Globalstrahlung in Bratislava an verschiedenen Punkten in der Stadt und der Umgebung ergeben beispielsweise im Juli in den Morgenstunden eine Reduktion um 51%, während sie mittags bei 10—12% liegt (Smolen 1972). Die Mächtigkeit der durchstrahlten Luftmasse und die Aerosolkonzentration führt also zu hohen relativen Unterschieden bei gleichzeitig geringen absoluten Strahlungsflußdichten an der Erdoberfläche im Bereich großer Zenitdistanzen der Sonne (Lukač 1973).

In vielen Städten wurde eine wellenlängenabhängige Extinktion festgestellt, die im Bereich des UV besonders große Reduktionen (bis zu 90%) hervorruft (Oke 1974, 1979a). Bridgeman (1976) erhält bei einer mittleren Reduktion von 28,4% mit abnehmender Wellenlänge zunehmende Reduktionen bis zu 49% im Spektralbereich von 400—425 nm.

Tabelle 7
Reduktion der Globalstrahlung in Städten

Ort	Jahreszeit	Reduktion	Quelle
Paris	Jahr	6—20%	
Budapest	Jahr	7— 8%	Oke 1974
	Winter	15%	
Zaporož'e	Sommer	5— 6%	Denežkina u. a. 1974
Halle	Sommer	4— 5%	Wendling und
	Winter	10—11%	Pohl 1979

Besteht das Aerosol aus relativ großen Teilchen, so verringert sich der Einfluß der Wellenlänge auf die Extinktion, wie sich an Messungen in Zaporož'e zeigt. Die Reduktionen waren lediglich Funktion der optischen Weglänge des Aerosols und nur in geringem Maße der Wellenlänge (RUSINA 1974).

Die Divergenz der kurzwelligen Strahlungsflüsse ist erst in der mit Aerosol angereicherten Stadtgrenzschicht beträchtlich. Oberhalb der Dunstglocke bestehen nach Messungen in Zaprož'e zwischen Stadt und Umgebung keine merkbaren Unterschiede in der Strahlungsflußdichte der Globalstrahlung (DENEŽKINA u. a. 1974).

Der Schwächung der direkten Sonnenstrahlung steht eine Zunahme der diffusen Strahlung gegenüber, die entsprechend der Partikelgröße des urbanen Aerosols nach der MIEschen Theorie im wesentlichen gleichförmig alle Wellenlängen des sichtbaren Spektrums umfaßt und über die Kontrastminderung zur Sichtverschlechterung innerhalb der Stadtgrenzschicht beiträgt. Nach Abschätzungen von SPRIGG und REIFSNYDER (1972) gelangen 75—80% des aus der direkten Strahlung gestreuten Anteils als diffuse Strahlung zur Erdoberfläche.

Der Gesamt-Trübungsfaktor nach LINKE als Maß für die Extinktion der Sonnenstrahlung liegt im Jahresmittel und vor allem in der Heizperiode in der Stadt höher als im Umland, wie der Vergleich entsprechender Meßwerte aus dem Stadtzentrum von Leipzig und dem Meteorologischen Hauptobservatorium Potsdam zeigt. Infolge der verstärkten Aerosolproduktion während der Wintermonate verhält sich der Jahresgang des Trübungsfaktors in der Stadtgrenzschicht zu jenem im Umland gegenläufig (Tab. 8).

Tabelle 8

Mittlerer Gesamt-Trübungsfaktor nach *Linke* für Leipzig (Stadtzentrum) und Potsdam (Meteorologisches Hauptobservatorium) (HÄNSEL 1978)

Ort	Mittel	Heizperiode	heizfreie Zeit
Leipzig			
1976—1977	5,41	5,80	4,89
Potsdam			
1969—1970	4,22	3,82	4,79

Der erhöhte Aerosolgehalt führt in der Stadtgrenzschicht zu einer beträchtlichen strahlungsbedingten Erwärmung. So ergeben sich nach Rechnungen mit einem eindimensionalen Strahlungsstrommodell im Vergleich zwischen einer Atmosphäre normalen Aerosolgehaltes und einer mit einer 500 m mächtigen urbanen Aerosolschicht mit einer Konzentration von $5 \cdot 10^5$ Teilchen/cm^3 Heizraten infolge solarer Strahlungsabsorption von 1 K je Tag bzw. 20 K/Tag. Die maximalen Heizraten treten im Bereich von Temperaturinversionen auf und verlagern sich bei flacher werdendem Einfallswinkel der direkten Strahlung an die Obergrenze der Aerosolschicht. Da die Abkühlungsrate im IR-Bereich die Erwärmungsrate nicht kompensieren kann, kommt es unter diesen Bedingungen zu einer Abschwächung der Temperaturinversion über der Stadt (BÖHLEN und EIDEN 1977, BÖHLEN 1978).

Die Reflexstrahlung hängt von der Albedo der Unterlage ab. Die Albedodifferenz zwischen Stadt und Umland erreicht im Winter sehr große negative Werte, was einen Energiegewinn der Stadtoberfläche gegenüber dem Umland zur Folge hat.

3.1.2. Langwellige Strahlungsflüsse

Die Bilanz der langwelligen Strahlungsflüsse (im Wellenlängenbereich $\lambda = 4$—100 µm) lautet für die Erdoberfläche

$$L^* = L\downarrow - L\uparrow\,. \qquad (5)$$

Die Gegenstrahlung $L\downarrow$ der Atmosphäre ist sowohl durch die höheren Temperaturen in der urbanen Grenzschicht als auch durch die Strahlungsabsorption und Emission des Aerosols in bestimmten Wellenlängenbereichen erhöht, aber auch der anthropogen erhöhte Wasserdampfgehalt der Luft verstärkt die Glashauswirkung der Stadtatmosphäre (BERLJAND 1975). Allgemein verläuft die Grenze erhöhter Gegenstrahlung nachts etwa parallel zur Grenze der Wärmeinsel. Die Differenzen zwischen Stadt und Umland liegen zwischen 5—10% und absolut zwischen 15 und 40 W/m^2.

Messungen in klaren Winternächten in Tokio ergaben, daß wegen der unterschiedlichen vertikalen Temperaturverteilung (im Umland war eine Bodeninversion vorhanden) die Unterschiede in der Gegenstrahlung zwischen Stadt und Umland geringer waren als nach der horizontalen Temperaturdifferenz zu erwarten gewesen wäre. Die erhöhte Gegenstrahlung über der Stadt resultiert jeweils zur Hälfte aus der höheren Temperatur und aus dem höheren Aerosolgehalt der urbanen Grenzschicht (BORNSTEIN 1968, OKE und FUGGLE 1972, AIDA und YAJI 1979).

Im Jahresmittel macht die Differenz der langwelligen Strahlungsbilanz zwischen Stadt und Umland nur einen geringen Betrag aus (für Budapest weniger als 1% nach OKE 1974).

Die langwellige Temperaturstrahlung

$$L\uparrow = \varepsilon\sigma T^4 + L\downarrow(1 - \varepsilon) \qquad (6)$$

ist in der Stadt primär infolge der höheren Oberflächentemperaturen der Gebäude und Straßen stärker. In der Gegenüberstellung der aus IR-Messungen abgeleiteten Oberflächentemperaturen von Stadt, Umland und Wasserflächen zu verschiedenen Tages- und Jahreszeiten in Rom erkennt man deutlich die Wirkung des modifizierten Energiehaushaltes im Stadtgebiet (Tab. 9).

Aber auch innerhalb einer Stadt spiegeln sich die Unterschiede im Bebauungsgrad, in der anthropogenen Energiefreisetzung und im Grünflächenanteil in den großen Differenzen der Oberflächentemperaturen und in der Amplitude des Tagesganges wider, wie Messungen von WHITE u. a. (1978) über St. Louis zeigen (Abb. 6). Die deutlich höheren Stadt-Oberflächentemperaturen gegenüber jenen des Umlandes erlauben sogar die Identifizierung und Vermessung urbaner Wärmeinseln vom Satelliten aus (MATSON und LEGECKIS 1980, RAO 1972).

Die effektive Ausstrahlung L^* ist in der Stadt nachts

Tabelle 9
Oberflächentemperaturen (°C) nach IR-Messungen in Rom und Umgebung (nach COLACINO 1978)

	Sommer			Winter		
	T_{min}	T_{max}	ΔT (K)	T_{min}	T_{max}	ΔT (K)
Stadt	17—18	45—50	28—32	—4/—5	8—10	12—15
Land	13—15	36—38	20—23	—5/—6	5—6	10—12
Wasser	19—20	20—21	$\leqq 1$	10	10—11	$\leqq 1$

offenbar größer als im Umland, während sie am Tage gleich oder kleiner als im Umland ist. Nach Messungen in Montreal oberhalb des Dachniveaus überschreitet die Differenz nachts 10 W/m² nicht (FUGGLE und OKE 1976).

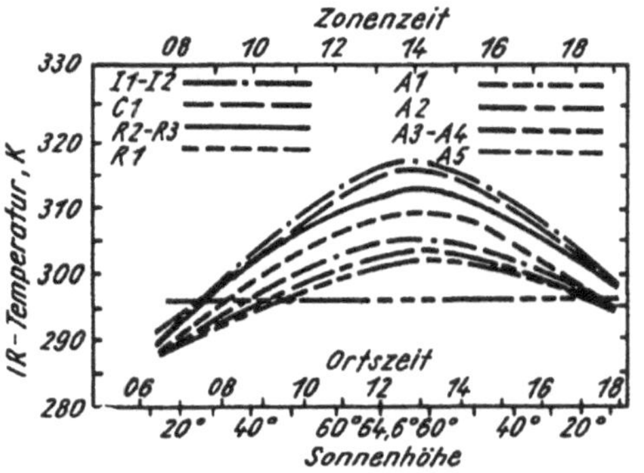

Abb. 6. Tagesgänge der IR-Oberflächentemperatur nach Flugzeugmessungen über St. Louis für unterschiedliche Stadtflächen am 18. Aug. 1976 (Bedeutung der Symbole wie in Abb. 4) (nach WHITE u. a. 1978)

Setzt man die gemessene zeitliche Temperaturabnahme nach Sonnenuntergang nur in Beziehung zur vertikalen Divergenz der effektiven Ausstrahlung, so zeigt sich, daß die strahlungsbedingte Abkühlung der Luftschicht oberhalb des Dachniveaus dreimal größer sein müßte als die tatsächliche. Diese Differenz wird durch Konvergenz des fühlbaren Wärmestroms ausgeglichen. Somit ist die nächtliche Abkühlung in der Stadtgrenzschicht sowohl von Strahlungsprozessen als auch vom vertikalen Temperaturprofil und der turbulenten Durchmischung abhängig (FUGGLE und OKE 1976). Innerhalb eines Straßenzuges nimmt die vertikale Divergenz von L^* infolge des Strahlungsaustausches zwischen den Wand- und Straßenflächen wesentlich geringere Werte als über dem mittleren Dachniveau an und führt zu Abkühlungsraten von 0,0—1,0 K/h bis maximal 2,0 K/h in der Stadt-Hindernisschicht (NUNEZ und OKE 1976).

3.1.3. Strahlungsbilanz

Die Strahlungsbilanz der Stadtoberfläche Q^*, zusammengesetzt aus den Komponenten

$$Q^* = K\downarrow - K\uparrow + L\downarrow - L\uparrow\,, \qquad (7)$$

weist trotz der Veränderung aller Strahlungsflüsse in der Stadtgrenzschicht für größere Bezugszeiträume gegenüber dem Umland nur wenig Abweichungen auf, weil sich die Änderungsbeträge gegenseitig kompensieren. Das gilt nicht für kleinere Zeitintervalle im Tagesgang. Infolge der Extinktion der Sonnenstrahlung in der Stadtgrenzschicht absorbiert die Stadtoberfläche weniger Energie als das Umland, jedoch verringert sich tagsüber auch der langwellige Strahlungsverlust. Nachts ist infolge zusätzlicher Energiequellen, einer verzögerten Abkühlung des Stadtgebietes und von Aerosoleffekten das Strahlungsdefizit gegenüber dem Umland erhöht (OKE 1979a, DENEŽKINA u. a. 1974).

3.1.4. Fühlbarer und latenter Wärmestrom

Die Angaben über den fühlbaren und den latenten Wärmestrom Q_H bzw. Q_E sind sehr unsicher. Wegen der vielgestaltigen Struktur der Baukörper und der damit verbundenen mikroklimatischen Unterschiede beeinflußt der Meßort mit hohem Gewicht das Meßergebnis. Das trifft besonders auf Gradientmessungen innerhalb von Straßenzügen in der Stadthindernisschicht (urban canopy layer) zu. Ferner ist über die Kopplung der mikroskalen Verhältnisse in dieser Schicht mit den mesoskalen in der darüberliegenden Stadtgrenzschicht noch wenig bekannt.

Klimatologische Abschätzungen ergeben, daß der fühlbare Wärmestrom eines Stadtgebietes stets größer als im Umland ist und wegen der höheren Oberflächentemperaturen zur Atmosphäre gerichtet ist.

Messungen von Q^* und Q_H oberhalb der Dachfläche in Vancouver (49° N) an einem wolkenlosen Sommertag geben eine qualitative Vorstellung von der Größenordnung der Komponenten (Tab. 10). Im Tagesgang erreichte Q_H als Maximalwert den Betrag von $0{,}6 \cdot Q^*$.

Über die tägliche Energiebilanz des Systems Straßenbebauung/Luftvolumen gaben die Messungen von NUNEZ und OKE (1976, 1977) genaueren Aufschluß. Die

Tabelle 10
Energiebilanzkomponenten für die Stadthindernisschicht in Vancouver. Summen für den Zeitraum 7—17 Uhr am 17. Juli 1972 (aus OKE 1978a)

Komponente	Energiestrom	% von Q^*
Q^*	16,9 MJ/m²	100
Q_H	5,7 MJ/m²	34
Q_E	7,0 MJ/m²	41
ΔQ_S	4,2 MJ/m²	25

physikalischen Eigenschaften der drei aktiven Flächen (Häuserwände, Straße) und die drei offenen Seiten bestimmen die Größenordnung und die zeitliche Variation der Komponenten. Tagsüber setzte sich in dem N-S orientierten Straßenzug der Energiegewinn Q^* in die Anteile 60% Q_H, 25—30% Q_G und 10—15% Q_E um.

Über die Größenordnung von Q_E findet man in der Literatur sehr unterschiedliche Aussagen, was damit zusammenhängt, daß in der Stadt sowohl erhöhende als auch erniedrigende Faktoren bezüglich der Evapotranspiration auftreten.

Zur relativen Quelle wird die Stadt durch
— die Freisetzung von Wasserdampf bei der Verbrennung fossiler Brennstoffe und bei metabolischen Prozessen,
— die künstliche Wasserzufuhr in Wasserversorgungssystemen (Trink- und Brauchwasser),
— die Vergrößerung des turbulenten Wasserdampftransports in der Stadtgrenzschicht und den
— erhöhten Niederschlag im Stadtgebiet.

Zur relativen Senke wird die Stadt durch
— die Reduktion der Versickerung und Speicherung,
— den schnelleren Abfluß des Niederschlagswassers,
— die Reduktion der Verdunstungsfläche und
— die Verringerung des Taufalls durch die Wärmeinsel.

Damit ergeben sich komplexe Zusammenhänge, die tagsüber die Senken, nachts jedoch die Quellen dominieren lassen (OKE 1973).

Aus den Messungen in Vancouver (Tab. 10) ergab sich unter der Annahme, daß $\Delta Q_S = 0{,}25 \cdot Q^*$ ist, als Restglied Q_E mit einem größeren Betrag als Q_H, was auf eine übernormale Feuchteverfügbarkeit zurückgeführt wird (OKE 1979a). Allgemein gilt, daß die urbane Evapotranspiration nicht als vernachlässigbar klein angesehen werden darf.

Das BOWEN-Verhältnis β als Quotient aus fühlbarem und latenten Wärmestrom

$$\beta = Q_H/Q_E \tag{8}$$

müßte im Gegensatz zum Umland, wo bei wolkenlosem Himmel im Tagesgang negative bis schwach positive Werte von β auftreten, in der Stadtgrenzschicht stets positiv sein und sehr hohe Werte annehmen. Untersuchungen von OKE (1973) in Montreal zeigen jedoch, daß β nur in den Mittagsstunden den Wert 1,0 übersteigt und ansonsten $Q_E > Q_H$ ist, was mit anthropogener Feuchteproduktion begründet wird (Abb. 7). Für einzelne Straßenzüge ohne Grünflächen ergeben sich allerdings β-Werte bis 6,4 als vermutlich obere Grenze für ein Stadtareal (NUNEZ und OKE 1977). In Abhängigkeit vom Grünflächenanteil hält OKE (1978a, 1979b) Werte von β zwischen 0,75—2,0 für typisch.

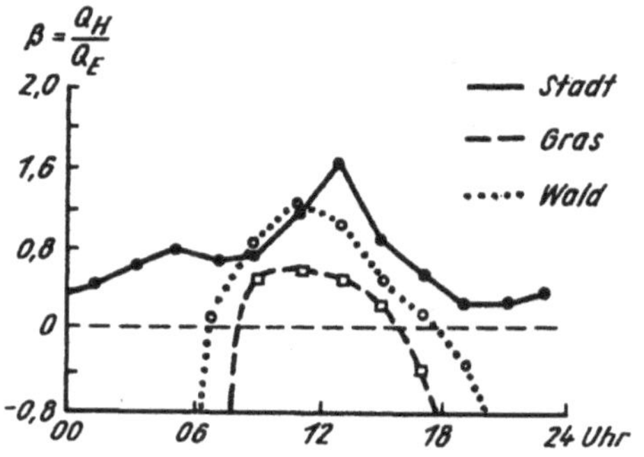

Abb. 7. Tagesgang des BOWEN-Verhältnisses in Montreal (Aug. bis Dez. 1969) und typische Umlandwerte zum Vergleich (nach OKE 1973)

Bei Gegenüberstellung des BOWEN-Verhältnisses von Stadt und Umland dürfen die großklimatischen Verhältnisse nicht außer acht gelassen werden. In feuchten Klimaten führt die Urbanisierung allgemein zu einer Vergrößerung von β, während es in trockenen Klimaten zu dessen Verminderung kommt (vgl. MUNN und MACHTA 1979).

3.1.5. Wärmeleitungsstrom und Speicherung

Der Wärmeleitungsstrom Q_G hängt von den thermischen Eigenschaften (Temperaturleitfähigkeit, Wärmekapazität) des Materials der Gebäude und Straßen ab. Die Wärmestromdichten liegen tagsüber zwischen 170 W je m² (Asphaltstraße) und 10 W/m² (Gasbeton). Als Monatsmittelwert werden 30—40 W/m² angegeben (OKE 1974, YAP 1975).

Die Energiespeicherung im System Gebäude/Luftschicht setzt man, bezogen auf die Einheitsfläche, im Mittel pro Tag zu 15—30% von Q^* an. Vergleichsweise gelten für landwirtschaftliche Kulturen, Wälder und Grasbestände 5—15% und für unbewachsenen Boden 25—30%.

Die vergrößerte urbane Wärmespeicherung schreiben CARLSON u. a. (1981) nach der Analyse von IR-Satelliten-Aufnahmen und deren Interpretation mit einem eindimensionalen Grenzschicht-Modell weniger den räumlichen Unterschieden der Wärmeleitfähigkeit als vielmehr der verstärkten täglichen Erwärmung relativ trockener Stadtoberflächen zu.

Der Wärmeleitungsstrom Q_G bzw. die Speicheränderung ΔQ_S besitzt für die nächtliche Energiebilanz große Bedeutung. Die im vorangegangenen Abschnitt zitierten Messungen in einem Straßenzug zeigten, daß in der Nacht bei Windstille das Freisetzen der im Baumaterial akkumulierten Energie fast vollständig den Energieverlust durch die effektive Ausstrahlung kompensierte (OKE 1978a).

3.2 Lufttemperatur

3.2.1. Horizontales Temperaturfeld

Die positive Temperaturanomalie der Stadt gegenüber dem Umland wurde erstmals vor mehr als 150 Jahren für London beschrieben und ist seither in vielen Städten untersucht worden. Jedoch erst in neuerer Zeit gewann man tiefere Einblicke in die Ursache-Wirkung-Beziehung dieses Phänomens, von dem OKE noch 1974 schreibt, daß „die Wärmeinsel die am besten beschriebene, aber am wenigsten verstandene klimatische Erscheinung" sei.

Die urbane Wärmeinsel (heat island) resultiert aus der

Veränderung der Strahlungsflüsse, verursacht durch das Aerosol, der Umgestaltung der Erdoberfläche und aus dem zusätzlichen anthropogenen Wärmestrom. Welche Komponente im einzelnen die Intensität der Wärmeinsel und deren räumliche Ausdehnung steuert, hängt von einer Reihe von Faktoren ab, wie geographische Breite des Ortes, Aridität des Klimas, Jahreszeit, Tageszeit und vom Grad der menschlichen Aktivität.

Die meisten Untersuchungen der städtischen Wärmeinsel konzentrierten sich bisher auf Städte in den mittleren Breiten, obwohl infolge des Aufschlusses natürlicher Ressourcen viele neue Städte in bisher unbewohnten Gebieten von Wüsten, Tundren oder in den Tropen entstehen, die empfindliche Ökosysteme besitzen. ATWATER (1977) untersuchte deshalb mit Hilfe der numerischen Simulation der urbanen Temperaturanomalie deren Tagesgang in hypothetischen Städten in den Tropen (15° N), in einer Wüste (25° N) und in der Tundra (70° N) im Vergleich mit einer Stadt in den mittleren Breiten (40° N). In den Rechnungen zeigte sich, daß längere Nächte zu einer Verstärkung der urbanen Wärmeinsel und längere Tage dagegen zur Abschwächung und sogar zu negativen Differenzen zwischen Stadt und Umland führen. Daher sind in niederen bis mittleren Breiten bei annähernd gleicher Tag- und Nachtlänge nur kleine positive Temperaturdifferenzen tagsüber zu erwarten. In mittleren und höheren Breiten spielt der anthropogene Wärmestrom eine größere Rolle bei der Ausbildung der urbanen Temperaturanomalie, während in äquatornahen Gebieten Strahlungseffekte ausschlaggebend sind.

Es ergaben sich insgesamt vier Typen der urbanen Wärmeinsel, von denen die Typen 3 und 4 selten vorkommen (Tab. 11).

Tabelle 11

Typen des Tagesganges der urbanen Temperaturanomalie in Abhängigkeit von der geographischen Lage (nach ATWATER 1977)

Typ	Lufttemperatur höher		geographische Lage
	tags	nachts	
1	Land	Stadt	mittlere Breiten
2	Stadt	Stadt	mittlere Breiten
3	Land	Land	höhere Breiten, Sommer
4	Stadt	Land	Wüstenregionen

Im Jahresmittel erhöht sich die Lufttemperatur in Städten der mittleren und höheren Breiten um 0,5—2,0 K, während die Extremwerte dieser Differenz Stadt—Umland bei 15 K liegen. Die maximalen Differenzen treten in der zweiten Nachthälfte während der Wintermonate auf. Tagsüber kann die Temperaturanomalie wegen der höheren Wärmekapazität und thermischen Leitfähigkeit des Baumaterials ein negatives Vorzeichen annehmen. Diese Eigenschaften verhindern eine rasche Erwärmung, aber auch nach Sonnenuntergang eine rasche Abkühlung und ermöglichen eine Energiespeicherung (BORNSTEIN 1968). Für eng verbaute Stadtzentren spielt auch die Vertikalverlagerung der für die Erwärmung der Luft maßgeblichen Heizfläche eine Rolle. Tagsüber werden die Dächer stärker aufgeheizt als die abgeschatteten Straßenzüge, und die Heizfläche liegt somit oberhalb des üblichen Meßniveaus (NÜBLER 1979).

Die unterschiedlichen thermischen Eigenschaften des Untergrundes von Stadt und Umland spiegeln sich auch im Verlauf der stündlichen Temperaturänderung gut wider (Abb. 8). Die Erwärmungs- und Abkühlungsraten sind in der Stadt geringer als im Umland.

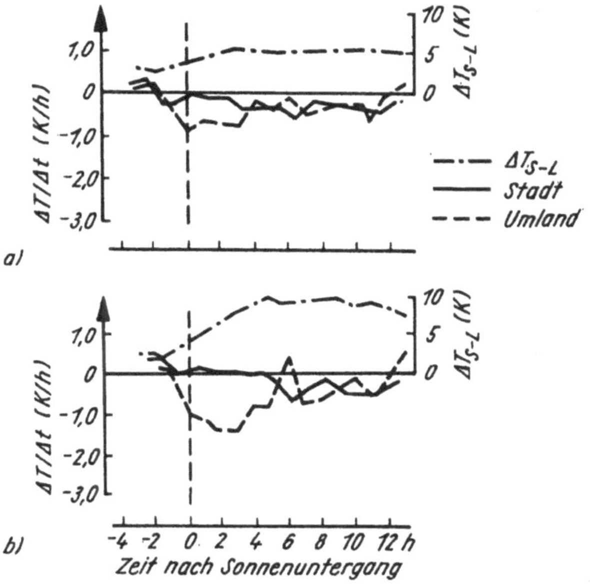

Abb. 8. Mittlere stündliche Temperaturänderung und Wärmeinselintensität in Montreal in Winternächten
a) schwach windig, bewölkt
b) windstill, wolkenlos
(nach OKE, MAXWELL und YAP 1972)

Höhere Bedeckungsgrade und höhere Windgeschwindigkeiten bewirken eine Verringerung des Temperaturunterschiedes zwischen Stadt und Umland (BÖHM und GABL 1978, MATVEEV 1979). Diese Tatsache muß bei der Wertung der Rolle des anthropogenen Wärmestroms im Jahresgang der urbanen Temperaturanomalie berücksichtigt werden.

In einigen Städten der mittleren und höheren Breiten tritt das Maximum der mittleren Temperaturdifferenz zwischen Stadt und Umland im Sommer auf, wo andererseits die anthropogene Energiefreisetzung ihr Minimum erreicht (TAESLER 1978). Dieser Widerspruch kann mit der jahreszeitlichen Variation von Bedeckungsgrad, Windgeschwindigkeit und Luftmassenstabilität erklärt werden, indem diese im Winterhalbjahr größere Beträge annehmen als im Sommerhalbjahr und so den Effekt des größeren anthropogenen Wärmestroms abschwächen (vgl. OKE 1982).

Innerhalb der Stadt-Hindernisschicht bestimmen die Baukörper wesentlich die Temperaturverteilung. An Infrarot-Aufnahmen zeigt sich, daß die Elemente der städtischen Baukörper (insbesondere Wände) in Abhängigkeit von ihrer Exposition unterschiedliches thermisches Verhalten aufweisen (GEHRKE 1977). Temperaturunterschiede der Luft vor bestrahlten und beschatteten Wänden eines Straßenzuges liegen in der Größenordnung von 2—5 K (ALBRECHT 1933, GAJZAGO 1972).

3.2.2. Vertikales Temperaturfeld

Die urbane Temperaturanomalie bleibt nicht nur auf die Stadthindernisschicht beschränkt, sondern ist auch noch in größeren Höhen der Stadtgrenzschicht nachweisbar. Zahlreiche Messungen mittels Flugzeugen, Hubschraubern, Fesselballons und an Fernsehtürmen in und außerhalb von Städten zeigten, daß in der Stadt die Bodeninversionen weniger häufig und weniger intensiv auftreten. Schwache abgehobene Bodeninversionen besitzen dagegen eine größere Häufigkeit über dem Stadtgebiet. Die vertikale Ausdehnung der urbanen Temperaturanomalie wird mit 200—500 m angegeben (BORNSTEIN 1968, LAZAREVA u. a. 1975, VDOVIN 1973). In Abb. 9 sind typische vertikale Temperatur- und Windprofile über Leningrad und Voejkovo (Umland) dargestellt.

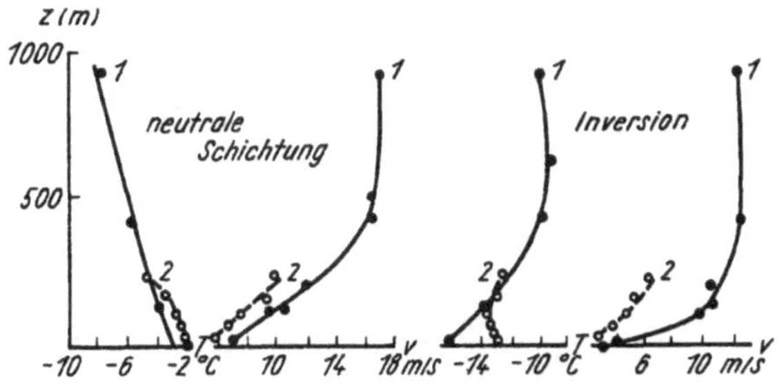

Abb. 9. Wind- und Temperaturprofile nach gleichzeitigen Beobachtungen in Voejkovo (1) und Leningrad (2) (nach LAZAREVA u. a. 1975)

Besonders bei Wetterlagen mit strahlungsbedingter Inversion im Umland werden die Unterschiede zur Stadt markant. Auch im Tagesgang der Stabilität der untersten Luftschicht macht sich der Einfluß der Stadt, besonders im Winterhalbjahr bemerkbar (Tab. 12).

Die Verlagerung der Wärmeinsel leewärts vom Stadtzentrum, dargestellt am Vertikalschnitt der potentiellen Lufttemperatur in St. Louis, zeigt deutlich, daß die Stabilität der Grenzschicht auch noch in stadtfernen Gebieten beeinflußt wird (Abb. 10).

Aus den Messungen während des KĖNĖKS-72 lassen sich interessante Einblicke in die tageszeitlichen Variationen des vertikalen Temperaturprofils in der Stadt und im Umland gewinnen. Die Tagesamplitude der Lufttemperatur ist bis in 100 m Höhe in der Stadt beträchtlich geringer als im Umland; darüber gilt das Umgekehrte. Gründe für dieses Verhalten sind wahrscheinlich die verstärkte nächtliche Abkühlung und tagsüber stärkere strahlungsbedingte Erwärmung im Bereich der Dunstglocke (VASIL'ČENKO und VDOVIN 1974).

Der Tagesgang der Differenz der Lufttemperatur zwischen Stadt und Umland zeigt am Boden das typische Bild mit einem Maximum in den frühen Morgenstunden und negativen Differenzen mittags. Die vertikale Ausdehnung der Wärmeinsel beträgt nachts etwa 200 m. Besondere Beachtung verdient die Tatsache sehr großer positiver Temperaturdifferenzen tagsüber zwischen 300 und 500 m Höhe. Diese Schicht fällt mit der infolge Aerosolanreicherung sichtbaren Dunstgrenze über der Stadt zusammen. Die verstärkte Absorption kurzwelliger

Tabelle 12
Mittlerer Temperaturgradient am Fernsehturm Leningrad (1969—1971) und nach Fesselballonaufstiegen in Voejkovo (1958—1960) in K/100 m

Jahreszeit	Ort	Schicht	Termin 3^h	9^h	15^h	21^h
Apr.—Sept.	Voejkovo	2—150 m	—2,00	0,93	0,93	—0,67
	Leningrad	2—164 m	0,39	1,12	1,77	0,96
Okt.—März	Voejkovo	2—150 m	—1,13	0,00	0,67	—1,13
	Leningrad	2—164 m	1,06	1,28	1,74	1,27

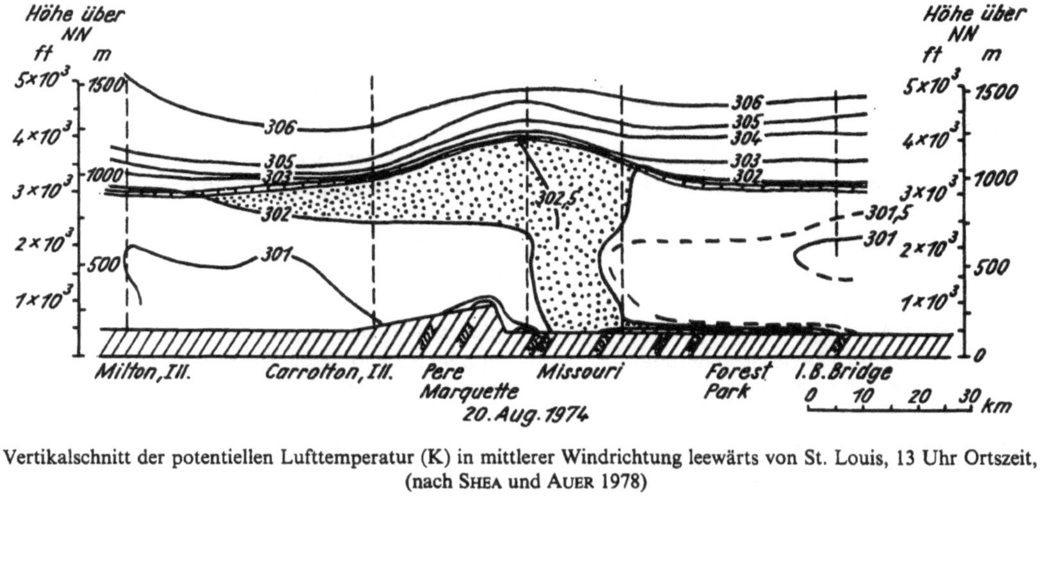

Abb. 10. Vertikalschnitt der potentiellen Lufttemperatur (K) in mittlerer Windrichtung leewärts von St. Louis, 13 Uhr Ortszeit, $v = 8$ m/s (nach SHEA und AUER 1978)

Strahlung in dieser Schicht führt offenbar zu einem merklichen Temperaturanstieg im Vergleich zur Schicht gleicher Höhenlage über dem Umland (Abb. 11).

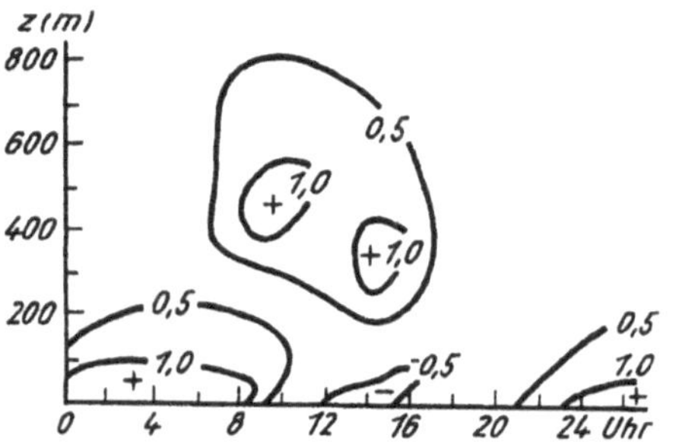

Abb. 11. Tagesgang der Temperaturdifferenz gegenüber dem Umland über Zaporož'e (nach VASIL'ČENKO und VDOVIN 1974)

Abschließend soll noch auf den „cross over effect" verwiesen werden, der darin besteht, daß oberhalb der Wärmeinsel im oberen Teil der Stadtgrenzschicht nachts niedrigere Temperaturen als im Umland auftreten. Als Gründe für dieses Phänomen werden der Einfluß des Aerosols auf die Energiebilanz der betreffenden Schicht und adiabatische Temperaturänderungen infolge lokaler Zirkulationssysteme angegeben (BORNSTEIN 1968, OKE und EAST 1971, NKEMDIRIM 1976).

3.3 Wind

3.3.1. Horizontales Windfeld

Beim Überströmen eines Stadtgebietes bewirkt die drastische Erhöhung der Rauhigkeit der Unterlage eine Vergrößerung der Reibung. Ferner hat die Existenz der urbanen Wärmeinsel eine dreidimensionale Deformation des Luftdruckfeldes innerhalb der Grenzschicht zur Folge. Diese beiden Änderungen führen zu einer neuen Balance zwischen der horizontalen Druckgradientkraft, der Reibungskraft und der Corioliskraft und damit zu einem gegenüber dem Umland modifizierten Windfeld.

Die Differenz der Windgeschwindigkeiten am Boden zwischen Stadt und Umland kann beide Vorzeichen annehmen: Bei schwachgradientiger Wetterlage mit geringer Bewölkung und damit gut ausgeprägter urbaner Temperaturanomalie kommt es innerhalb der Stadt infolge der Zirkulation über einer niedrig gelegenen Wärmequelle zur Ausbildung eines lokalen Windsystems. Dieses ist gekennzeichnet durch radiale Strömungskomponenten in Richtung des Wärmeinselzentrums mit höheren Geschwindigkeiten als im Umland. Bei Wetterlagen mit höheren Windgeschwindigkeiten verringert sich der Temperaturunterschied zwischen Stadt und Umland proportional zur Windgeschwindigkeit, so daß in diesem Fall die größere Rauhigkeit der Stadtoberfläche auf die Windgeschwindigkeit vermindernd wirkt. Auf diese Weise ist die Windgeschwindigkeit in London nachts um 14% höher als im Umland, während sie tags um 24% reduziert ist (CHANDLER 1976). Die kritische Windgeschwindigkeit, unterhalb deren Beschleunigung und oberhalb deren eine Bremsung einsetzt, liegt für London bei 4,5 m/s und für New York bei 3,6 m/s (BORNSTEIN und OKE 1979).

Für die Ausbreitung von Luftbeimengungen innerhalb der Stadtgrenzschicht besitzt die Ausbildung eines lokalen Windsystems in Verbindung mit der urbanen Wärmeinsel besondere Bedeutung. Im unteren Teil des Systems mit Strömungskonvergenz werden Luftmassen aus den Randbezirken der Stadt zum Zentrum hin verfrachtet, um dort, angereichert mit den urbanen Emissionen, aufzusteigen. Im oberen Teil des Systems mit Strömungsdivergenz erfolgt dann die Ausbreitung der Luftbeimengungen auf ein größeres Areal. Die Strömungskonvergenz läßt sich anhand der Rauchfahnenrichtung innerhalb eines Stadtgebietes gut erkennen (OKE 1979a).

Im übrigen wirkt der Zustrom kühlerer Luft zum Stadtzentrum als limitierender Faktor auf das Anwachsen der Temperaturdifferenz zwischen Stadt und Umland (LANDSBERG und BRUSH 1980).

Charakteristische Dimensionen eines solchen Zirkulationssystems über St. Louis an windschwachen Tagen sind in Tab. 13 zusammengestellt.

Tabelle 13
Parameter der Wärmeinsel-Zirkulation über St. Louis (aus OKE 1979a)

Intensität der Wärmeinsel	≧2,2 K
Gradientwindgeschwindigkeit	≦5 m/s
Durchmesser der Konvergenzzone	30 km
vertikale Ausdehnung der Zirkulation	1 km
Durchmesser des Gebiets mit positiver Vertikalbewegung	7 km
Dauer der Zirkulation	1—4 Stunden
Horizontalgeschwindigkeit (radial)	2 m/s
Vertikalgeschwindigkeit	0,3 m/s

Die Art der Bebauung eines Stadtgebietes kann die Ausbildung der lokalen Windzirkulation fördern oder hemmen, je nachdem, ob der bodennahen Luftströmung Hindernisse entgegenstehen oder nicht (Anlage radialer Straßenzüge). Schon bei der Stadtplanung kann also auf die Durchlüftung von Stadtgebieten Einfluß genommen werden (vgl. KEULER 1980).

Im Jahresmittel ergeben sich im Stadtgebiet geringere Windgeschwindigkeiten als im Umland. Die Verringerung der mittleren Windgeschwindigkeit hängt von der Struktur der Bebauung ab und kann mit der Ausdehnung der Stadt wachsen, wie RUBINŠTEJN (1979) an den Windmessungen in Gancevići demonstriert (Abb. 12).

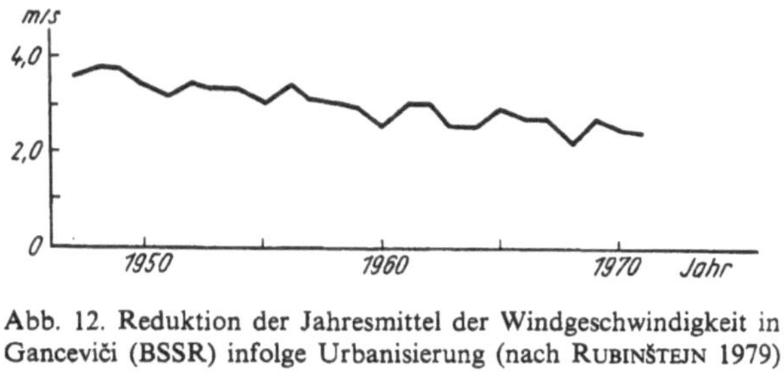

Abb. 12. Reduktion der Jahresmittel der Windgeschwindigkeit in Gancevići (BSSR) infolge Urbanisierung (nach RUBINŠTEJN 1979)

Die Reduktion des mittleren jährlichen Maximums der Windgeschwindigkeit gegenüber freien Standorten beträgt nach GÖTSCHMANN (1971) etwa 20—30%. Für Leipzig wurde im Stadtgebiet (Leninallee) ein Mittelwert von 26 m/s berechnet, während auf dem Flugplatz Moskau dieser Wert bei 31 m/s liegt.

Wenn auch im Mittel die Windgeschwindigkeit in der Stadt geringer als im Umland ist, so treten bei ungünstiger Anordnung der Gebäude und weiträumiger Bebauung lokale Geschwindigkeitserhöhungen auf, die sowohl bauphysikalisch (Windlast, Schlagregenbelastung) als auch biometeorologisch (Diskomfort) negative Folgen haben können.

3.3.2. Vertikales Windprofil und Turbulenz

Innerhalb der Stadthindernisschicht, d. h. zwischen den Rauhigkeitselementen, kann die Windgeschwindigkeitsänderung mit der Höhe nicht auf einfachem Wege beschrieben werden. Oberhalb des mittleren Dachniveaus jedoch eignen sich sowohl das logarithmische wie auch das Potenz-Windprofil zur Beschreibung dieser Höhenabhängigkeit (Tab. 14). Wegen seiner Einfachheit in technischen Anwendungen verdient das Potenzgesetz den Vorzug vor dem logarithmischen Gesetz, das streng genommen nur innerhalb der Bodenschicht über einer Unterlage mit relativ geringer Rauhigkeit und bei neutraler Schichtung Gültigkeit besitzt. Der mittlere Betrag des Potenzgesetz-Exponenten m variiert von 0,16 im Umland über 0,28 im Vorstadtbereich bis 0,40 im Zentrum großer Städte (OKE 1977).

Tabelle 14
Logarithmisches und Potenzgesetz zur Beschreibung der Höhenabhängigkeit der Windgeschwindigkeit

logarithmisches Gesetz	$u(z) = \frac{u^*}{\varkappa} \ln (z/z_0)$
Potenzgesetz	$u(z_2) = u(z_1) \cdot (z_2/z_1)^m$

Stellvertretend für eine Vielzahl ähnlicher Untersuchungen des Windprofils in Stadtgebieten soll die Auswertung der Windmessungen am Fernsehturm in Leningrad in den Höhen 25 m, 68 m, 104 m, 164 m und 232 m aus dem Zeitraum 1967—1973 durch BORISENKO (1977) als Grundlage für die Beschreibung des urbanen vertikalen Windprofils Verwendung finden.

Aus den Messungen ergibt sich für Leningrad ein Jahresmittelwert des Potenzgesetzexponenten m zwischen 0,27 und 0,33 für die Schicht zwischen 25 m und 232 m in der Stadtatmosphäre. Der mittlere tägliche Gang mit einer Amplitude von $\Delta m = 0{,}17$, gekennzeichnet durch ein mittägliches Minimum und ein nächtliches Maximum, übertrifft die Amplitude der Monatsmittel zum Termin 12 Uhr Ortszeit mit $\Delta m = 0{,}12$. Hier wurde das Maximum in den Monaten Juli und Oktober bis Dezember beobachtet (Tab. 15 und 16). Aus beiden Tabellen wird deutlich, daß mit zunehmender Stabilität und folglich verringertem turbulentem Austausch die vertikale Windgeschwindigkeitsscherung und damit m wächst. Zusätzlich besteht eine Abhängigkeit des Potenzgesetzexponenten von der mittleren Windgeschwindigkeit, indem sich m mit wachsender Windgeschwindigkeit erst rasch und dann langsamer verringert.

Tabelle 16
Mittlerer Tagesgang von m in der Schicht 25—232 m über Leningrad (nach BORISENKO 1977)

Uhrzeit	0	3	6	9	12	15	18	21 Uhr
	0,37	0,37	0,36	0,29	0,22	0,21	0,25	0,35

In den Höhen zwischen 104 und 164 m lassen die Messungen eine Schicht verminderten turbulenten Austauschs erkennen, in der der Mittelwert von m 3—4mal größer ist als in den Schichten darunter und darüber. Diese ungleichmäßige Zunahme der Windgeschwindigkeit ist nur über inhomogener Unterlage anzutreffen, die zur Ausbildung interner Grenzschichten Anlaß gibt.

Bei Windgeschwindigkeiten über 9 m/s in 25 m Höhe zeigt sich eine ausgeprägte Richtungsabhängigkeit von m. Entsprechend den örtlichen Bedingungen führte die Strömung über das Gebiet mit der größten Rauhigkeit, was sich in Maximalwerten von m äußert.

Gleichermaßen erweisen sich die aus dem Windprofil berechneten Rauhigkeitshöhen z_0 als strömungsabhängig. Das zur Berechnung von z_0 verwendete logarithmische Gesetz setzt neutrale Schichtung voraus. Bei niedrigen Windgeschwindigkeiten ergibt sich kein Unterschied in der Genauigkeit der Abbildung des wahren Windprofils durch die beiden mathematischen Ansätze (s. Tab. 14), wohl aber bei höheren Windgeschwindigkeiten, bei denen sich das logarithmische Profil als weniger geeignet erwies. Dieser Befund steht im Widerspruch zu ZAVARINA (1976), die die Gültigkeit des logarithmischen Gesetzes für hohe Windgeschwindigkeiten und bis in Höhen von 500 m annimmt.

In einer anderen Darstellung zeigt der Quotient aus Windgeschwindigkeit im Umland v_z zu jener in der Stadt $v_{z,S}$ in der gleichen Höhe z eine mit der Höhe abnehmende Abhängigkeit von der Stabilität der Grenzschicht. Im Bereich großer Werte des Stabilitätsparameters μ ($\mu > 0$ labile Schichtung, $\mu < 0$ stabile Schichtung) unterscheidet sich der Quotient in allen Höhen nur noch wenig (Abb. 13).

Tabelle 15
Monatsmittelwerte von m zum Termin 12 Uhr in der Schicht 25—232 m über Leningrad (nach BORISENKO 1977)

Monat	I	II	III	IV	V	VI	VII	VIII	IX	X	XI	XII
$\bar{m}$	0,24	0,23	0,23	0,24	0,20	0,16	0,28	0,26	0,26	0,27	0,27	0,27

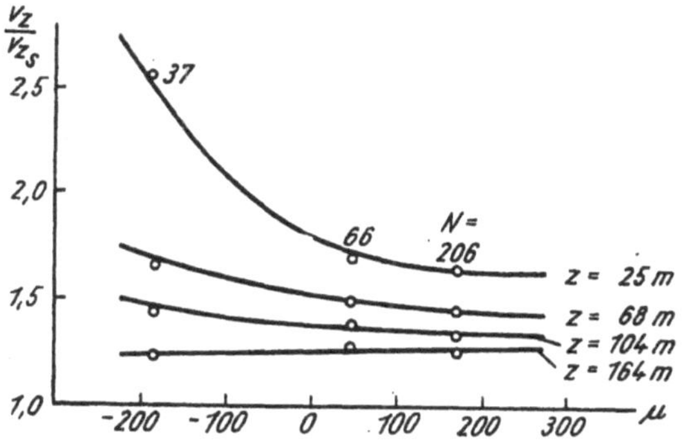

Abb. 13. Koeffizient der Windgeschwindigkeitsreduktion über Leningrad für verschiedene Höhen z und Stabilitätsparameter μ (nach VORONOVA 1979)

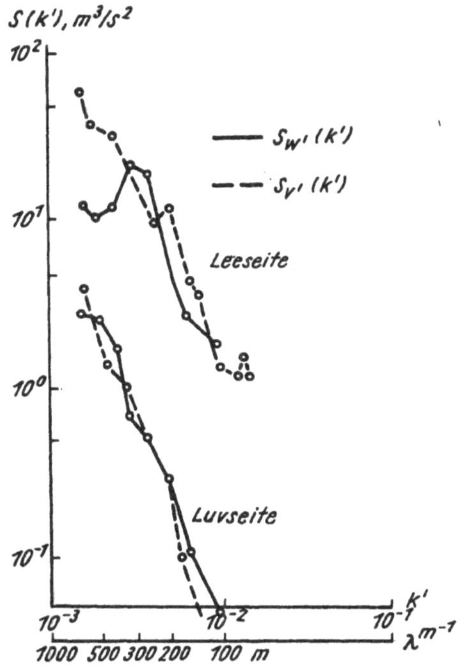

Abb. 14. Spektraldichten vertikaler ($S_{w'}(k')$) und horizontaler Pulsationen ($S_{v'}(k')$) beim Überströmen einer Stadt in 200 m Höhe (Ždanov, 26. 7. 1976) (nach ŠMETER 1978)

Die turbulenten Schwankungen der vertikalen und horizontalen Windkomponenten w' und v' zeigen über Stadtgebieten markante Abweichungen gegenüber dem Umland. Flugzeugmessungen über verschiedenen Städten in der UdSSR ergaben, daß analog zum Temperaturfeld auch eine Zone verstärkter Turbulenz im Lee der Stadt existiert (ŠMETER 1978). In Abhängigkeit von der Flughöhe H ergibt sich die Länge des stadtbeeinflußten Abschnittes L leewärts aus dem Durchmesser D der Stadt wie folgt:

$$H = 30 - 60\ \mathrm{m}: L = 0{,}5 - 1{,}0 \cdot D\,,$$

$$H = 400 - 500\ \mathrm{m}: L = 2 - 3 \cdot \mathrm{D}\,.$$

In 75—80% der untersuchten Fälle ist das Überströmen der Stadt vom Wachstum der Spektraldichten $S(k')$ um 10—20% begleitet, jedoch in verschiedenen Bereichen der Wellenzahl k' nicht einheitlich. Dies zeugt davon, daß über der Stadt und im Lee zusätzliche Turbulenzenergiequellen vorhanden sein müssen (Abb. 14).

3.4 Feuchtefeld

Die Differenzen der spezifischen Feuchte zwischen Stadt und Umland sind relativ klein und weisen eine komplexe räumliche Struktur auf. Für Städte in mittleren Breiten gilt, daß in der Stadthindernisschicht die Luft tagsüber trockener, nachts jedoch feuchter als im Umland ist. Unter geeigneten Bedingungen kann sich analog zur Wärmeinsel auch eine Feuchteinsel herausbilden.

In hohen Breiten ist die Luft in der Stadt auch tagsüber im Winter feuchter als im Umland. Im Umland sind die Feuchtequellen wegen der stark verringerten Evapotranspiration wenig ergiebig. In der Stadt dagegen liefert die wegen der notwendigen Raumheizung verstärkte Verbrennung fossiler Brennstoffe erhebliche Mengen an Wasserdampf (GUSAK 1977, OKE 1978a).

Die Verteilung der spezifischen Feuchte innerhalb der Stadtgrenzschicht hängt von der Anordnung der Feuch-

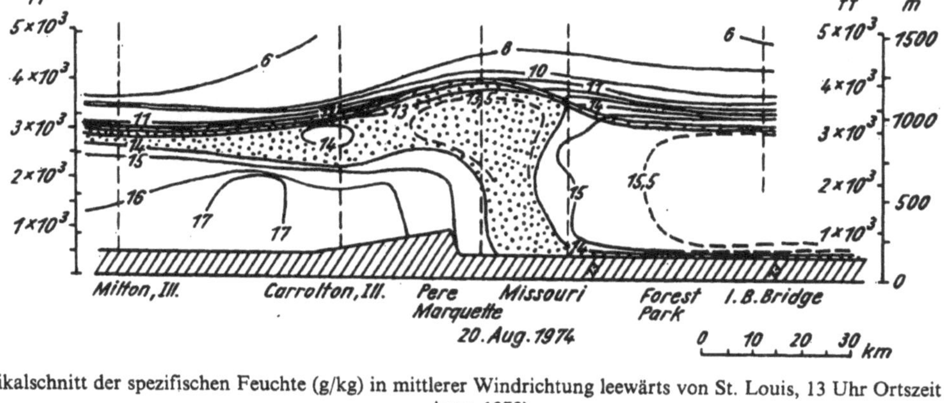

Abb. 15. Vertikalschnitt der spezifischen Feuchte (g/kg) in mittlerer Windrichtung leewärts von St. Louis, 13 Uhr Ortszeit (nach SHEA und AUER 1978)

tequellen und -senken ab. Aus dem spärlichen veröffentlichten Beobachtungsmaterial sollen Messungen aus St. Louis einige Grundzüge der Struktur der vertikalen Feuchteverteilung demonstrieren. An einem Sommertag mit geringer Windgeschwindigkeit weist die spezifische Feuchte in der Stadtgrenzschicht über St. Louis ein deutliches Defizit bis zu —1,5 g/kg auf (Abb. 15). Eine Kopplung der Struktur des Feuchtefeldes mit Urbanisierungs- und Industrialisierungsgrad verschiedener Stadtbezirke ließ sich bis etwa 300 m über Grund feststellen. Die Feuchtereduktion gegenüber dem Umland zeigt in diesem speziellen Fall, daß die verstärkte vertikale Durchmischung als Folge höherer Oberflächentemperaturen, das Einfließen trockener Luft und die mächtigere Mischungsschicht Feuchtesenken darstellen, die nicht von den urbanen Feuchtequellen ausgeglichen werden können (SHEA und AUER 1978, SISTERSON und DIRKS 1978).

4. Lufttemperatur und Wind in der Stadtatmosphäre im Raum Berlin

Die Grundzüge des Einflusses der Stadt auf das Temperatur- und Windfeld in der urbanen Atmosphäre sollen für Berlin aus jenen Daten abgeleitet werden, die an meteorologischen Standardstationen und aus Radiosondenaufstiegen im Stadtgebiet gewonnen wurden.

Die Entwicklung Berlins von der königlichen Haupt- und Residenzstadt Preußens im Jahre 1709 mit 57000 Einwohnern über die Hauptstadt des Deutschen Reiches 1871 (914000 Ew.) bis zur heutigen Hauptstadt der DDR mit 1,153 Einwohnern auf 403 km² und Westberlin mit 1,904 Mio Einwohnern auf 480 km² (*Statistisches Jahrbuch* 1981) war von meteorologischen Beobachtungen an mehreren im Stadtgebiet verteilten Stationen begleitet worden. Mit dem Gründungsjahr (1700) der Königlichen Akademie der Wissenschaften durch Leibniz beginnen Aufzeichnungen der Witterung durch den Astronomen G. KIRCH, während die ersten instrumentellen Beobachtungen (Barometer) ab 1709 vorliegen (BAHR 1966). Die Gründung des Preußischen Meteorologischen Instituts 1847 in Berlin verlieh in der Folgezeit der Untersuchung des Stadtklimas unter den Bedingungen einer rasch wachsenden Stadt und einer beschleunigten Industrialisierung neue Möglichkeiten und Impulse.

Bereits um die Jahrhundertwende entstanden mehrere stadtklimatologische Arbeiten (z. B. BEHRE 1908, HELLMANN 1892, 1894a, b, KREMSER 1909), die die anthropogenen Veränderungen gegenüber dem Umland registrierten.

4.1. Meteorologisch relevante Charakteristika der Stadt Berlin

4.1.1. Entwicklung der Einwohnerzahl

Beschränkt man sich auf den Zeitraum seit Beginn der meteorologischen Beobachtungen in Berlin, so lassen sich einzelne Etappen abgrenzen. Von 1700 an erhöhte sich die Einwohnerzahl durch Bevölkerungszuwachs und Eingemeindung (1709) von 29000 Ew. auf 330200 Ew. im Jahre 1840. Die räumliche Ausdehnung der Stadt blieb jedoch im wesentlichen auf das Areal innerhalb der Stadttore begrenzt. Mit der Entwicklung Berlins zum Mittelpunkt des preußischen Eisenbahnwesens und zu einem wichtigen Industriezentrum in der Zeit der industriellen Revolution nahm die Bevölkerung stark zu. Besonders nach 1870 breitete sich die Stadt nach allen Richtungen hin stark aus. Die Einwohnerzahl erreichte vor Ausbruch des 2. Weltkrieges ihren absoluten Höhepunkt (Tab. 17).

Tabelle 17
Entwicklung der Einwohnerzahl Berlins seit 1843 (*Lexikon* 1961, *Statistisches Jahrbuch* 1981)

Jahr	Einwohnerzahl (in 1000 Ew.)
1843	401
1871	914
1900	2712
1927	4150
1939	4333
1946	3133
1980	Hauptstadt der DDR: 1153;
	Westberlin: 1904

Unter Bezug auf die jeweilige Katasterfläche ergeben sich im Jahre 1980 für die Hauptstadt der DDR eine mittlere Bevölkerungsdichte von 2860 Ew./km² und für Westberlin entsprechend 3966 Ew./km². Weit über diesem Durchschnitt liegen in der Hauptstadt der DDR Berlin die Stadtbezirke Prenzlauer Berg (16861 Ew. je km²) und Mitte (8409 Ew./km²). In diesen drei Stadtbezirken wohnen 36% der Gesamtbevölkerung auf 7,7% der Katasterfläche der Hauptstadt. Die Bevölkerung Berlins macht 6,8% der DDR-Bevölkerung aus, und sie lebt auf 0,4% der Gesamtfläche der DDR.

7,6% aller Berufstätigen der DDR erbrachten in Berlin 1980 5,5% der gesamten industriellen Bruttoproduktion der Industrie und 9,9% der Bauproduktion der Bauindustrie (*Statistisches Jahrbuch* 1981). Den größten Anteil an der industriellen Bruttoproduktion hatte dabei der Sektor Elektrotechnik/Elektronik/Gerätebau (32,3%), gefolgt von den Bereichen Maschinen- und Fahrzeugbau (16,6%), Leichtindustrie (ohne Textilindustrie) (14,8%), Lebensmittelindustrie (13,1%), chemische Industrie (10,4%) und Energie- und Brennstoffindustrie (8,1%).

4.1.2. Stadtstruktur

Die Verteilung der Grün- und Wasserflächen, ihr Anteil an der Gesamtfläche, die durchschnittliche Gebäudehöhe und andere Strukturparameter bestimmen die Eigenschaften der Stadtoberfläche, die mit der atmosphärischen Grenzschicht in Wechselwirkung steht. Einige Angaben darüber werden später bei der Modellierung der Stadtgrenzschicht benötigt und sollen hier zusammengefaßt werden. Die Flächennutzung weist insgesamt einen relativ hohen Anteil von Grün- und Wasserflächen aus. Wegen der unterschiedlichen Quellen werden die Daten für Berlin und Westberlin getrennt aufgeführt (Tab. 18a, b).

Tabelle 18a
Flächennutzung in Berlin, Hauptstadt der DDR (nach BEIER 1978, MENZEL und HAASE 1969)

Flächenart	km^2	Prozent
Wohnen	90,90	22,5
Arbeiten	35,70	8,9
Öffentliche Grünflächen, Wald	89,90	22,4
Kleingärten, Wochenendgrundstücke	21,50	5,3
landwirtschaftliche Nutzfläche	85,80	21,4
sonstige Flächen	20,60	5,1
Verkehrsflächen	33,60	8,2
Gewässer	25,12	6,2
Summe	403,12	100,0

Tabelle 18b
Flächennutzung in Westberlin (nach BEIER 1978)

Flächenart	km^2	Prozent
Wohnen	161,46	33,7
Mischgebiete	10,55	2,2
Gewerbe- und Industriefläche	36,05	7,5
Gemeinbedarfsfläche	24,17	5,0
Verkehrsflächen	55,26	11,5
Ver- und Entsorgungsflächen	3,26	0,7
Frei- und Grünflächen	148,60	31,0
Wasserflächen	29,36	6,1
sonstige Flächen	10,83	2,3
Summe	479,54	100,0

Faßt man alle Flächen zusammen, so entfallen auf die bebaute Fläche 445 km^2 (50,4%), auf die Wasserflächen 55 km^2 (6,2%) und auf die land- und forstwirtschaftliche Nutzfläche und sonstige Flächen 383 km^2 (43,4%) von den insgesamt 883 km^2.

Der Anteil der Grün- und Wasserflächen an der Gesamtfläche des betrachteten Gebietes nimmt vom Stadtzentrum ausgehend bis zu den Randgebieten der Stadt ständig zu. Für die Kernstadtgebiete Berlin (Prenzlauer Berg, Mitte, Friedrichshain) beträgt der Anteil von Grün- und Wasserflächen etwa 20%. Im Gebiet bis zu einer Entfernung von 9 km vom Stadtzentrum (S-Bahn-Ring) erhöht sich dieser Anteil auf 30% und wächst auf 40% bei einem Radius von 17 km (Außenring der Deutschen Reichsbahn) (BEIER 1978).

Die Abmessungen der Häuser und Straßen weisen in Abhängigkeit von der Bauweise charakteristische Unterschiede auf (Tab. 19).

Tabelle 19
Abmessungen der Gebäude und Straßen und Rauhigkeitshöhe z_0 in Berlin (nach BEIER 1978)

Gebäudetyp	Anzahl der Geschosse	Höhe der Gebäude m	Breite der Gebäude m	Breite der Straßen m	z_0 m
Eigenheime	1—2	4—10	8	8—10	0,20
Altbauten	4—5	22	10	12	0,84
Neubauten	5	16	10	18—20	—
	10	30	10	18—20	1,24
	18—22	58	11	18—20	1,85

Aus der Kenntnis der Stadtgeometrie kann nach einer von LETTAU (1969) angegebenen Näherungsbeziehung die für dynamische Betrachtungen wichtige Rauhigkeitshöhe z_0 abgeschätzt werden:

$$z_0 = 0,5 \cdot h \cdot \frac{s}{S}$$

mit

h durchschnittliche Höhe der Rauhigkeitselemente,
s der Strömung entgegen gerichtete Fläche der Rauhigkeitselemente,
$S = A/n$; A Gesamtfläche des Gebiets mit Rauhigkeitselementen,
n Anzahl der Rauhigkeitselemente im Gebiet.

Die von BEIER (1978) bestimmten z_0-Werte für typische Gebäudegruppen in Berlin liegen in der Größenordnung jener Angaben, die andernorts aus dem Windprofil abgeleitet wurden (vgl. OKE 1974) (Tab. 19).

4.1.3. Anthropogene Energiefreisetzung

Die Abschätzung der anthropogenen Energiefreisetzung läßt sich allgemein an Hand der Produktion bzw. Förderung von fossilen Brennstoffen, der Produktion von Elektroenergie aus Wasserkraft und Kernenergie und der Einfuhr von Energie und Brennstoffen vornehmen. Zur Bestimmung der Energiebilanz der DDR insgesamt dienen die Angaben aus dem Statistischen Jahrbuch (*Statistisches Jahrbuch* 1979). Für die Umrechnung in die äquivalente Wärmemenge wurden mittlere Heizwerte nach Brockhaus 1960 verwendet. Der Bezugszeitraum ist das Jahr 1978 (Tab. 20).

Geht man davon aus, daß alle Formen der Nutzenergie schließlich in Form von Wärme an die Atmosphäre abgegeben werden, sofern sie nicht in umgewandelter Form in ein Produkt eingeht, dann läßt sich unter Vernachlässigung des letzteren aus der äquivalenten Wärmemenge aller Primärenergieformen die mittlere Wärmestromdichte für das Territorium der DDR mit 1,29 W/m^2 angeben. Die Energieproduktion der DDR pro Kopf der Bevölkerung beläuft sich dabei auf 8,3 kW.

Legt man nun für das Gebiet der Hauptstadt eine äquivalente Wärmemenge zugrunde, die dem Anteil der Bevölkerung Berlins an der Gesamtbevölkerung entspricht (1978: 6,7%), so ergibt sich ein Betrag von 23,1 W/m^2. Beim Bezug allein auf die Siedlungsfläche (vgl. Tab. 18a: Wohnen, Arbeiten und Verkehrsfläche

Tabelle 20
Produktion und Import von Energieträgern in der DDR 1978 (*Statistisches Jahrbuch* 1979) und Wärmestromdichte in Berlin bezüglich des Anteils an der Gesamtbevölkerung und des Anteils an der industriellen Bruttoproduktion der DDR (in Klammern)

Energieträger		Heizwert	äquivalente Wärmemenge
Produktion			
Rohbraunkohle	$253{,}264 \cdot 10^9$ kg	12,56 MJ/kg	$3180{,}99 \cdot 10^9$ MJ
Elektroenergie aus Kernenergie und Wasserkraft	$14{,}0 \cdot 10^{12}$ Wh	—	$3{,}89 \cdot 10^9$ MJ
Einfuhr			
Elektroenergie	$4{,}0 \cdot 10^{12}$ Wh	—	$1{,}11 \cdot 10^9$ MJ
Stadt- und Erdgas	$3{,}62 \cdot 10^9$ m³	25,12 MJ/m³	$90{,}93 \cdot 10^9$ MJ
Steinkohle	$5{,}94 \cdot 10^9$ kg	32,66 MJ/kg	$194{,}00 \cdot 10^9$ MJ
Steinkohlenkoks	$2{,}60 \cdot 10^9$ kg	29,31 MJ/kg	$76{,}21 \cdot 10^9$ MJ
Erdöl	$19{,}93 \cdot 10^9$ kg	41,87 MJ/kg	$834{,}47 \cdot 10^9$ MJ
Summe 1978			$4381{,}60 \cdot 10^9$ MJ

Wärmestromdichte	DDR	($108 \cdot 10^3$ km²)	1,29 W/m²	
	Berlin	(403 km²)	23,1 W/m²	(19,0 W/m²)
	— bebaute Fläche	(161 km²):	57,8 W/m²	(47,4 W/m²)

= 161 km²) erhöht sich die mittlere anthropogene Wärmestromdichte auf 57,8 W/m².

Rechnet man dagegen mit einer äquivalenten Wärmemenge, die dem Anteil Berlins an der industriellen Bruttoproduktion der DDR entspricht (1978: 5,5 %), lauten die Wärmestromdichten 19,0 W/m² bzw. 47,4 W/m² (Tab. 20).

Nur auf den Daten des Bezuges von Energieträgern und Elektroenergie in Berlin 1975 fußend, berechnete Beier (1978) Wärmestromdichten, die mit 9,0 W/m² bzw. 22,5 W/m² unter den eben genannten liegen (Tab. 21).

Bei allen Unterschieden in der Berechnung geben aber diese Daten eine Vorstellung von der Größenordnung der anthropogenen Wärmestromdichte, die jener der natürlichen Strahlungsbilanz gleichkommt (vgl. Bernhardt und Kortüm 1976).

Tabelle 21
Bezug an Primärenergieträgern und Elektroenergie in Berlin, Hauptstadt der DDR (nach Beier 1978)

Energieträger	äquivalente Wärmemenge
feste Brennstoffe	$56{,}72 \cdot 10^9$ MJ
Stadtgas	$4{,}23 \cdot 10^9$ MJ
Fernwärme	$2{,}84 \cdot 10^9$ MJ
Heizöl	$23{,}68 \cdot 10^9$ MJ
Dieselöl	$8{,}82 \cdot 10^9$ MJ
Benzin	$9{,}64 \cdot 10^9$ MJ
Elektroenergie	$8{,}36 \cdot 10^9$ MJ
Summe 1975	$114{,}29 \cdot 10^9$ MJ
Wärmestromdichte: Gesamtfläche:	9,0 W/m²
bebaute Fläche:	22,5 W/m²

Auf Grund des Jahresganges der Lufttemperatur und der Strahlungsbilanz ist auch ein Jahresgang der anthropogenen Energieumwandlung zu erwarten. Allerdings liegen darüber kaum Daten vor. Einen Anhaltspunkt kann aber der quartalsweise aufgeschlüsselte Bezug von festen Brennstoffen und Heizöl in Berlin nach Angaben der jeweiligen Vertriebsorganisationen (VEB Kohlehandel, VEB Minol) geben. Erwartungsgemäß variiert der Bezug zwischen 45 % im III. Quartal und 141 % im IV. Quartal bezüglich des mittleren Bezugs pro Quartal. Wegen des hohen Anteils der festen Brennstoffe und des Heizöls an der Gesamtwärmemenge (70 %) (vgl. Tab. 20) kann daher für die anthropogenen Wärmestromdichte eine Jahresschwankung um den Mittelwert in ähnlicher Größenordnung angenommen werden (Tab. 22).

Tabelle 22
Prozentuale Abweichung des Bezuges in den einzelnen Quartalen des Jahres 1975 vom mittleren Bezug an festen Brennstoffen und Heizöl in Berlin (nach Beier 1978)

Energieträger	Quartal			
	I.	II.	III.	IV.
Briketts	128	80	58	126
Steinkohle	137	100	44	118
Siebkohle	141	55	31	173
Heizöl	154	53	47	146
Mittel	140	74	45	141

4.2 Horizontales Temperaturfeld in Stadt und Umland

4.2.1. Datenmaterial

Die Messungen der Lufttemperatur im Stadtgebiet von Berlin lassen sich bis in das Jahr 1712 zurückverfolgen und zählen so zu den ältesten in Mitteleuropa (Bahr 1966). Vor 1900 wechselten die Beobachtungsorte häufig, und sowohl die Qualität als auch die Zeitdauer der Beobachtungen an einem oder gleichzeitig an mehreren Orten wiesen erhebliche Unterschiede auf. Neben subjektiven Ursachen (Beobachterwechsel) stehen auch Gründe, die mit der Stadtentwicklung zusammenhängen, für diese Inhomogenität der Beobachtungsreihen. Jedoch boten gerade die zeitlich parallelen Teilreihen schon frühzeitig die Möglichkeit, die Änderung der Temperaturverhältnisse in der Stadt nachzuweisen (vgl. SCHWALBE 1913). Erste Informationen über den mittleren Tagesgang der Wärmeinsel erhielt KREMSER (1908) aus den Differenzen der Terminwerte 1891—1900 der Stationen Teltower Straße (Innenstadt) und Blankenburg (Tab. 23). HELLMANN (1910) berechnet aus dem Vergleich der Messungen in der Seestraße (Außenstation) und in der Teltower Straße für den Zeitraum 1892 bis 1907 einen mittleren Jahresgang der Temperaturdifferenz Stadt-Vorstadt mit einem Maximum von 0,74 K im Juli und einem Minimum von 0,33 K im November bei einem Mittelwert von 0,50 K.

Tabelle 23
Differenzen der Lufttemperatur (K) zwischen den Stationen Teltower Straße (Innenstadt) und Blankenburg (aus KREMSER 1908)

Termin	7^h	14^h	21^h	Mittel
Winterhalbjahr	0,9	0,3	1,0	0,8
Sommerhalbjahr	0,5	0,1	2,0	1,2
Jahr	0,7	0,2	1,5	1,0

Dem Bedarf nach langen Beobachtungsreihen Rechnung tragend, bildete man aus den Teilreihen eine reduzierte Reihe der Tagesmittel der Lufttemperatur für das Beobachtungsgebiet „Berlin-Innenstadt", das etwa dem Stadtkern entspricht, und veröffentlichte diese für den Zeitraum 1766—1934 in *Klima* (1971). Diese Reihe diente in den vorliegenden Untersuchungen als Basisreihe für eine Fortsetzung bis zum Jahre 1980 auf der Grundlage der Temperaturmessungen in Westberlin-Dahlem 1909—1960, deren Tagesmittelwerte ebenfalls im *Klima* (1971) veröffentlicht wurden, der Tagesmittelwerte von Potsdam-Telegrafenberg (DSAB, *Tagebuch*) und der Tagesmittelwerte an der meteorologischen Station Berlin-Ostkreuz (DSAB, *Tagebuch*) ab Mai 1961.

Die Reduktion der Reihen erfolgte in drei Etappen mit Hilfe des Differenzenverfahrens. Die für dieses Verfahren notwendigen mittleren Differenzen für jeden Tag des Jahres entstammen unterschiedlich langen Zeiträumen und verschiedenen meteorologischen Stationen, wie aus Tab. 24 ersichtlich ist. Zur Schließung der Beobachtungslücke in der Reihe Dahlem vom 1. 1. 1945 bis 7. 11. 1945 wurde die Reihe Potsdam (DSAB) mit den mittleren Differenzen zwischen beiden Stationen im Zeitraum 1935—1944 benutzt.

Bis zum 31. 12. 1966 bestehen alle Ausgangsreihen aus dreiterminigen Tagesmitteln. Am 1. 1. 1967 erfolgte im Meteorologischen Dienst der DDR der Übergang zu 8 Beobachtungsterminen an den Hauptstationen (Potsdam) und zu vier Terminen an den Nebenstationen (Berlin-Ostkreuz). Zur Fortführung der Reihe Berlin-

Tabelle 24
Differenzen und Reduktionsgleichungen zur Ergänzung der Reihe der Tagesmittel der Lufttemperatur in Berlin-Innenstadt (TI Berlin-Innenstadt, TD Westberlin-Dahlem, TO Berlin-Ostkreuz, TP Potsdam)

Zeitraum der	Differenzen und Reduktionsgleichung	Zeitraum für mittlere Differenzen
	D = TI − TD	D 1909—1934
1935—1960	TI = TD + D	
	D1 = TI − TP	D1 1956—1960
	D2 = TO − TP	D2 1962—1966
	D3 = D1 − D2	
1961—1980	TI = TO + D3	

Innenstadt wurde deshalb aus den Beobachtungen in Potsdam und ab 1975 auch in Berlin-Ostkreuz jeweils die vierterminigen Tagesmittel berechnet, so daß die Inhomogenität der reduzierten Reihe auf den Übergang vom drei- zum vierterminigen Mittel beschränkt bleibt (vgl. Tabelle 25).

Tabelle 25
Zeiträume mit drei- bzw. vierterminigem Tagesmittel für die Reihen Berlin-Innenstadt, Berlin-Ostkreuz und Potsdam

Reihe	dreiterminig	vierterminig
Berlin-Innenstadt	1893—1966	1967—1980
Berlin-Ostkreuz	1961—1966	1967—1980
Potsdam	1893—1966	1967—1980

4.2.2. Mittlerer Jahresgang und Trend

Die Darstellung des säkularen Ganges der Lufttemperatur in Berlin-Innenstadt (10jährig übergreifend gemittelt) weist einen positiven Trend seit etwa Mitte des vorigen Jahrhunderts auf (Abb. 16). In diesem Zeitraum haben sowohl der Bebauungsgrad, die Bevölkerungsdichte, die Industrieproduktion als auch der Energieumsatz im Raum Berlin zugenommen (vgl. Abschn. 4.1.). Wenn dieser Anstieg der Jahresmittel der Lufttemperatur anthropogene Ursachen haben sollte, so müßte er sich in einem Vergleich der Tagesmittel der Lufttemperatur von einer geeigneten Umlandstation und von Berlin nachweisen lassen.

Die Zahl der Stationen in der weiteren Umgebung Berlins, die vor der Jahrhundertwende bereits existierten und seither lückenlos beobachten, ist leider gering. Die Wahl fiel auf Potsdam (Beobachtungsbeginn 1893), weil die Lage der meteorologischen Station auf dem Telegrafenberg südwestlich der Stadt garantiert, daß der Einfluß des Stadtgebietes von Potsdam verschwindend gering ist. Außerdem befindet sie sich in nicht zu großer Entfernung vom Raum Berlin. Da die Station Potsdam (h_{St} = 81 m ü. NN) jedoch etwa 40 m höher als die Stationen im Stadtgebiet von Berlin liegt (Berlin-Ostkreuz 36 m ü. NN, Berlin-Schönefeld 46 m ü. NN, Berlin-Treptow 38 m ü. NN, Berlin-Alexanderplatz

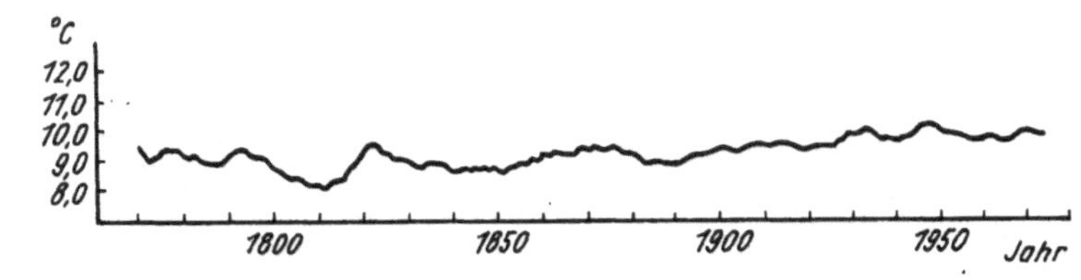

Abb. 16. Jahresmittel der Lufttemperatur in Berlin-Innenstadt (10jährig gleitendes Mittel)

Tabelle 26
Mittlerer Jahresgang der Monatsmittel der Lufttemperatur (°C) in Potsdam und der Differenz ΔT (K) zwischen Berlin-Innenstadt und Potsdam im Zeitraum 1893—1980 und der Differenzen in 25jährigen Zeitintervallen

Monat	1893—1980 Potsdam $\bar{T}$	ΔT	1901—1925 ΔT	1926—1950 ΔT	1951—1975 ΔT
I	—0,84	0,95	0,84	1,09	1,00
II	0,06	1,05	0,92	1,08	1,19
III	3,48	1,04	0,87	1,24	1,27
IV	7,96	1,06	1,00	1,09	1,15
V	13,12	1,16	1,11	1,17	1,22
VI	16,48	1,19	1,15	1,08	1,31
VII	18,02	1,24	1,26	1,22	1,26
VIII	17,16	1,29	1,24	1,26	1,41
IX	13,96	1,17	1,10	1,16	1,32
X	8,79	1,08	0,97	1,15	1,24
XI	3,85	1,05	0,99	1,10	1,16
XII	0,60	0,97	0,88	1,12	1,05
Jahr	8,53	1,11	1,03	1,15	1,21

38 m ü. NN), sind beim Vergleich von Temperaturmittelwerten wegen der vertikalen Temperaturabnahme erst Temperaturdifferenzen, die 0,2—0,3 K überschreiten, einem Stadteinfluß zuzurechnen.

Die langjährigen Mittelwerte betragen für den gesamten Zeitraum in Berlin-Innenstadt 9,6 °C und in Potsdam 8,5 °C. Dabei besitzt die Temperaturdifferenz zwischen beiden Orten einen schwachen Jahresgang mit einem Maximum in den Sommermonaten (Tab. 26). Die Monatsmittelwerte der Differenzen aus aufeinanderfolgenden 25jährigen Zeitabschnitten weisen einander ähnliche Jahresgänge auf, wobei eine Zunahme des Jahresmittels der Temperaturdifferenz von 1,03 K (1901 bis 1925) auf 1,21 K (1951—1975) festzustellen ist. In den einzelnen Zeitabschnitten nahmen die mittleren Temperaturdifferenzen in den Monaten März und Oktober am stärksten zu, während sie sich in den Sommermonaten nur wenig änderten.

Begnügt man sich mit einem kürzeren Zeitraum, kann man die Messungen in Berlin-Ostkreuz und Potsdam direkt vergleichen (Tab. 27). Alle Werte beziehen sich nur auf vierterminige Tagesmittel und weisen keine wesentlichen Abweichungen gegenüber denen in Tab. 26 auf.

Zwischen 1893 und 1980 besitzt die Reihe der fünfjährig gleitend gemittelten Differenzen zwischen den Jahresmitteln von Berlin-Innenstadt und Potsdam einen deutlichen Anstieg und bestätigt die bei der Betrachtung der Temperaturreihe von Berlin-Innenstadt geäußerte

Tabelle 27
Mittlerer Jahresgang der Monatsmittel der Lufttemperatur (°C) in Potsdam und der Differenzen ΔT (K) zwischen Berlin-Ostkreuz (B.O) bzw. Berlin-Innenstadt (B.I) und Potsdam (P) im Zeitraum 1967—1980 (vierterminige Tagesmittel)

Monat	Potsdam	ΔT (P—B.O)	ΔT (P—B.I)
I	—0,85	0,84	0,90
II	0,37	0,92	1,27
III	3,58	0,83	1,26
IV	7,20	0,96	1,12
V	12,93	0,99	1,16
VI	16,70	1,17	1,29
VII	18,05	1,16	1,13
VIII	17,66	1,24	1,34
IX	13,53	1,20	1,37
X	8,84	0,95	1,21
XI	4,44	0,95	1,15
XII	0,84	0,98	1,03
Jahr	8,61	1,02	1,19

Vermutung, daß dieser positive Trend der Stadtentwicklung zugeschrieben werden kann (Abb. 17).

Die Überwärmung des Stadtgebietes gegenüber der Umgebung nimmt aber nicht gleichmäßig zu, wie das bei alleiniger Abhängigkeit von der Stadtentwicklung zu erwarten wäre. Deutlich läßt sich der Einfluß der allgemeinen atmosphärischen Zirkulation erkennen, die über veränderte mittlere Bedeckungsgrade und Windgeschwindigkeiten in den einzelnen Jahrzehnten den Wärmeinseleffekt mit prägt. So ist die markante negative Abweichung der Temperaturdifferenz vom langjährigen Mittelwert zwischen 1910 und 1930 mit einer verstärkten atmosphärischen Zirkulation verbunden, die in dieser Phase vorwiegend zonalen Charakter trägt, während anschließend meridionale Zirkulationsformen wieder stärkeres Gewicht besitzen (BÖER 1960, WUSTELT 1962).

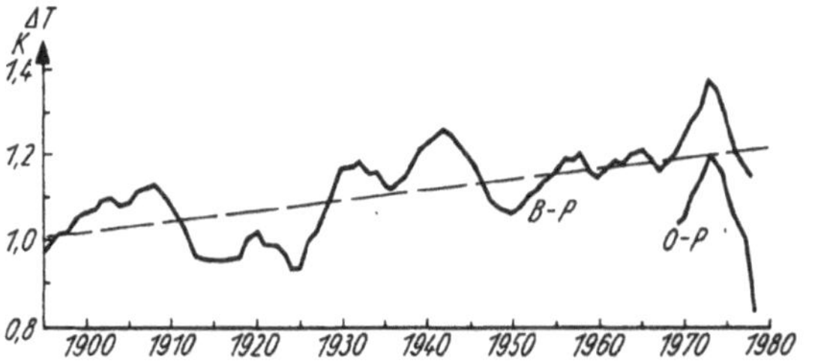

Abb. 17. Differenz der Jahresmitteltemperaturen zwischen Berlin-Innenstadt und Potsdam (B—P) und zwischen Berlin-Ostkreuz und Potsdam (O—P); 5jährig übergreifend gemittelt

Die in die Abb. 17 eingezeichnete Ausgleichsgerade genügt der Gleichung

$$\overline{\Delta T}\,(\text{Berlin—Potsdam}) = 0{,}9987 + 0{,}0025 \cdot t\,,$$
t Anzahl der Jahre seit 1893 .

Berechnet man den als linear angesehenen Trend für die einzelnen Jahreszeiten, so ergibt sich das Maximum in den Wintermonaten:

Frühjahr $\overline{\Delta T} = 0{,}9678 + 0{,}0031 \cdot t$,
Sommer $\overline{\Delta T} = 1{,}2746 - 0{,}0008 \cdot t$,
Herbst $\overline{\Delta T} = 0{,}9330 + 0{,}0037 \cdot t$,
Winter $\overline{\Delta T} = 0{,}8194 + 0{,}0039 \cdot t$.

Das wäre ein Hinweis darauf, daß anthropogene Eingriffe in den Energiehaushalt in dieser Jahreszeit wegen der veränderten Relation zwischen den anthropogenen und den natürlichen Energieflußdichten besonders wirksam sind.

4.2.3. Wochengang des Temperaturunterschiedes zwischen Stadt und Land

Nach den Untersuchungen einiger Autoren (HERMANN 1974, LANGNER und v. SCHÖNERMARK 1969, TORRANCE und SHUM 1976) besitzt die mit der Tätigkeit des Menschen verbundene Erhöhung der Aerosolkonzentration und die Energieumwandlung und -freisetzung einen z. T. ausgeprägten Wochengang. Aus den Ursachen für die erhöhte Temperatur im Stadtgebiet läßt sich damit die Hypothese formulieren, daß ein solcher Wochengang auch in der Temperaturdifferenz zwischen Stadt und Umland vorhanden sein müßte (LANDSBERG und BRUSH 1980, MUNN 1973).

Zu ihrer Prüfung werden die Differenzen der Tagesmittel der Lufttemperatur von Berlin-Innenstadt und Potsdam aus dem Zeitraum 1893—1980 sowohl für das gesamte Jahr als auch für die Sommer- und Wintermonate getrennt den einzelnen Wochentagen zugeordnet und miteinander verglichen (Tab. 28).

Die Mittelwerte dieser Teilreihen zeigen nun tatsächlich im Jahr und im Winter einen deutlichen Wochengang mit einem Maximum in der ersten Wochenhälfte und dem Minimum am Wochenende.

Wenn ein statistisch gesicherter anthropogen beeinflußter Wochengang besteht, so müssen sich die Teilreihen der Werktage von denen des Wochenendes signifikant unterscheiden. Die Prüfung mit dem Zeichentest setzt als hypothetischen Median (Nullhypothese) voraus, daß die Differenz zwischen den Temperaturdifferenzen (Stadt—Umland) vom Montag und einem anderen Wochentag gleich Null sei. Sind nun in der Stichprobe m Werte größer (kleiner) als der hypothetische Median und überschreitet m die vom Kollektivumfang abhängige Signifikanzschwelle n, dann ist die Stichprobe nicht mehr mit diesem Median verträglich. Werte, die gerade gleich dem hypothetischen Median sind, wurden aus der Stichprobe gestrichen (vgl. TAUBENHEIM 1969). In die Tab. 28 wurde die Irrtumswahrscheinlichkeit β_I nur

Tabelle 28
Wochengang der Differenzen der Tagesmittel der Lufttemperatur zwischen Berlin-Innenstadt und Potsdam 1893—1980 und Ergebnisse des statistischen Vergleichs von ΔT (Montag) zum ΔT der übrigen Wochentage

Wochentag	ΔT (K) Jahr	β_I	ΔT (K) Sommer (152.—243. Tag)	β_I	ΔT (K) Winter (335.—59. Tag)	β_I
Montag	1,096		1,202		0,988	
Dienstag	1,126	1%	1,249	—	0,992	—
Mittwoch	1,122	10%	1,277	—	1,007	—
Donnerstag	1,124	10%	1,258	—	1,006	—
Freitag	1,113	—	1,228	—	0,987	—
Samstag	1,112	—	1,264	—	0,982	—
Sonntag	1,110	—	1,272	5%	0,968	—
N	4539		1144		1123	
Mittel	1,115		1,250		0,990	

β_I Irrtumswahrscheinlichkeit für Signifikanz

dann eingetragen, wenn die Nullhypothese verworfen werden konnte. Danach ist für die Jahreswerte der Unterschied zwischen den Temperaturdifferenzen am Montag gegenüber jenen vom Dienstag bis Donnerstag mit $\beta_I = 1\%$ bzw. 10% statistisch gesichert. In den übrigen Fällen der Tab. 28 kann die Nullhypothese mit $\beta_I = 10\%$ nicht verworfen werden.

4.2.4. Interdiurne Temperaturveränderlichkeit

Die interdiurne Veränderlichkeit der Lufttemperatur als Maß für die unregelmäßigen, durch Witterungswechsel verursachten und meist mit Luftmassenwechsel verbundenen Schwankungen der Temperatur bietet eine weitere Möglichkeit, den urbanen Einfluß auf Temperaturreihen zu quantifizieren.

Der Betrag der interdiurnen Veränderlichkeit (IV) des Tagesmittels der Lufttemperatur ergibt sich als Mittelwert der absoluten Differenzen aufeinanderfolgender Tagesmittel

$$IV = \frac{1}{m-1} \sum_{n=1}^{m} |(\overline{T(n+1)} - \overline{T(n)})|. \qquad (9)$$

Die beiden Reihen der Tagesmittelwerte für Potsdam und Berlin-Innenstadt 1893—1980 bilden den Ausgangspunkt der Berechnungen.

Wie aus Tab. 29 ersichtlich ist, erhält man für Berlin eine geringere interdiurne Veränderlichkeit als für Potsdam.

Tabelle 29
Interdiurne Veränderlichkeit (IV) des Tagesmittels der Lufttemperatur und rel. Häufigkeit extremer interdiurner Temperaturveränderungen in Berlin-Innenstadt und Potsdam 1893—1980

Reihe	$\overline{\Delta T}$ (K) $N = 32141$	rel. Häufigkeit (%)	
		$\Delta T < -3{,}5$ K	$\Delta T \geqq 3{,}5$ K
Berlin-Innenstadt	1,85	6,7	6,4
Potsdam	1,90	7,2	7,1

Auch die relative Häufigkeit von interdiurnen Temperaturänderungen $\geqq 3{,}5$ K bzw. $< -3{,}5$ K verringert sich in der Stadt gegenüber dem Umland. Diese Ergebnisse stimmen mit jenen überein, die KOHL (1966) beim Vergleich der Reihen von Berlin-Innenstadt und Westberlin-Dahlem erhielt. Die Gründe für diesen Befund liegen in der vergrößerten Oberfläche in der Stadt und in der Wärmekapazität der Gebäudemasse, die beide dämpfend auf den Temperaturgang wirken.

Der mittlere Jahresgang der IV gibt den mittleren Witterungsverlauf gut wieder und besitzt neben dem Maximum im Mai ein sekundäres Maximum im Januar in beiden Reihen. Bildet man die Differenzen der IV-Monatsmittel, so sieht man, daß sich der urbane Einfluß in den Monaten April—Juli sehr abschwächt. Die Gründe dafür sind unklar, zumal diese jahreszeitlichen Unterschiede nicht in der gesamten Zeitreihe gleich gut ausgeprägt sind, sondern im Mittel der letzten 30 Jahre fast verschwinden (vgl. BARTELS 1982) (Tab. 30).

Tabelle 30
Monatsmittelwerte der IV (K) für Berlin-Innenstadt und Potsdam 1893—1980

Monat	Berlin-Innenstadt	Potsdam	Δ
I	2,03	2,10	−0,07
II	1,79	1,87	−0,08
III	1,77	1,84	−0,07
IV	2,00	2,04	−0,04
V	2,10	2,12	−0,02
VI	2,04	2,07	−0,03
VII	1,94	1,93	+0,01
VIII	1,70	1,77	−0,07
IX	1,59	1,68	−0,09
X	1,56	1,65	−0,08
XI	1,68	1,75	−0,07
XII	1,93	2,00	−0,07

4.2.5. Tagesgang des Temperaturunterschiedes zwischen Stadt und Umland

Der Tagesgang der Wärmeinselintensität läßt sich sowohl durch Registrierungen an Klimastationen als auch durch Meßfahrten im Stadtgebiet feststellen. SCHULZE (1969) berichtet von 14 Temperaturmeßfahrten in Westberlin, die die höchsten Temperaturdifferenzen nach Mitternacht mit 6,8 K ergeben.

Ergebnisse von Sondermessungen an heiteren Sommertagen in Westberlin veröffentlichte RICHTER (1969). Danach besitzen die Tagesgänge der Temperaturdifferenz zwischen Stadt und Umland im Zeitraum von 9 bis 24 Uhr ihre größten Beträge in den Nachtstunden. Das Maximum der Lufttemperatur tritt in der Stadt mit etwa einer Stunde Verzögerung gegenüber dem Umland auf.

Im folgenden werden zum Studium des Tagesganges der Differenz der Lufttemperatur zwischen Stadt und Umland stündliche Messungen an den Stationen Potsdam, Berlin-Schönefeld und Berlin-Alexanderplatz (*Tagebuch*) unter Verwendung der Werte von Windgeschwindigkeit und Bedeckungsgrad in Berlin-Schönefeld analy-

Tabelle 31
Mittelwerte der Temperaturdifferenz zwischen Berlin-Alexanderplatz und Potsdam (A—P) bzw. Berlin-Schönefeld (A—S), des Bedeckungsgrades *NB* und der Windgeschwindigkeit *U*, gemessen in Berlin-Schönefeld, aus stündlichen Beobachtungen (1975—1979)

Parameter	Juni	Dezember
A—P	1,95 K	1,76 K
A—S	1,93 K	1,77 K
NB	4,6 Achtel	6,4 Achtel
U	2,89 m/s	4,23 m/s
N	2600	3720

siert. Die Auswertungen beziehen sich jeweils auf die Monate Juni und Dezember der Jahre 1975—1979.

Die empirischen Verteilungsfunktionen, repräsentiert durch Histogramme, zeigen für die Temperaturdifferenzen im Juni eine Verschiebung zu höheren positiven Werten gegenüber dem Monat Dezember. Die Histogramme von Windgeschwindigkeit und Bedeckungsgrad widerspiegeln die für die beiden Monate typischen Witterungsverhältnisse (Abb. 18). Die Mittelwerte aller Stichproben enthält Tab. 31.

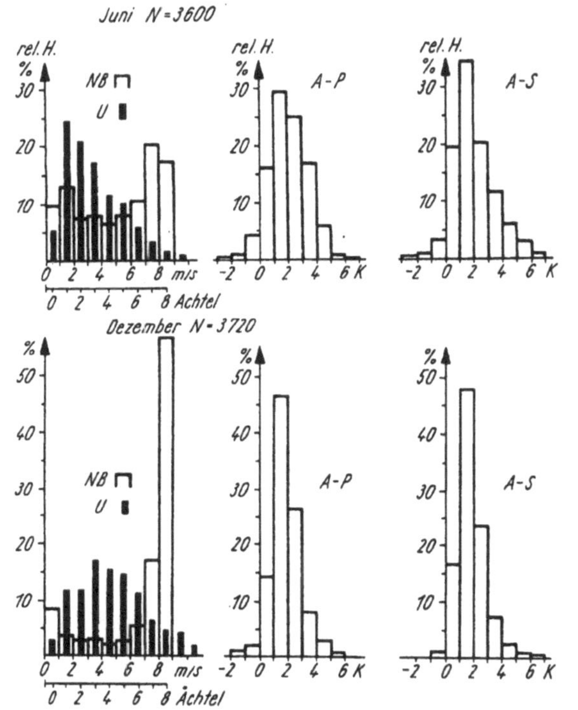

Abb. 18. Histogramme der Temperaturdifferenzen zwischen Berlin-Alexanderplatz und Potsdam (A—P) bzw. Berlin-Schönefeld (A—S), des Bedeckungsgrades *NB* und der Windgeschwindigkeit *U*, gemessen in Berlin-Schönefeld, nach stündlichen Beobachtungen im Juni und Dezember 1975—1979

Die mittleren Tagesgänge für die Lufttemperaturen und für die entsprechenden Differenzen sind in den Abb. 19 und 20 dargestellt. Im Monat mit dem höchsten Sonnenstand besitzt der mittlere Tagesgang der Temperaturdifferenz von Berlin-Alexanderplatz zu Berlin-Schönefeld und zu Potsdam ein deutliches Minimum mit 1 K zwischen 14 und 16 Uhr MEZ, während die maximalen Werte von 2,5—3,0 K in der Nacht zwischen 22 und 5 Uhr MEZ auftreten. Im Dezember verlagert sich das Minimum (1,3 K) bei insgesamt geringer Amplitude des Tagesgangs auf die Zeit zwischen 12 und 14 Uhr MEZ. Ab 17 Uhr bis etwa 9 Uhr liegt die mittlere Differenz bei 2 K. Das Tagesmittel der Differenz Berlin-Alexanderplatz—Potsdam ist im Juni höher als im Dezember (vgl. Tab. 31) und zeigt damit, daß frühere Annahmen über die dominierende Rolle des anthropogenen Wärmestroms bei der Bildung der Wärmeinsel nicht zutreffend sind.

Ausgewählte Einzelfälle in bezug auf den Bedeckungsgrad weisen beträchtliche Abweichungen vom mittleren

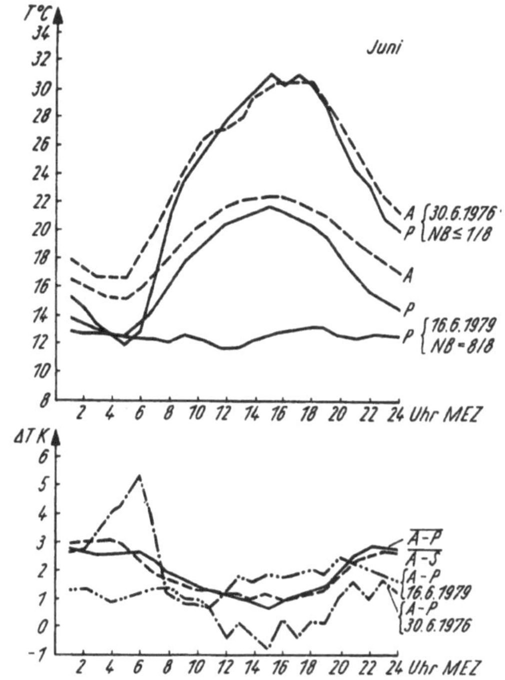

Abb. 19. Mittlere Tagesgänge der Lufttemperatur und ihrer Differenzen im Juni (1975—1979) an den Stationen Potsdam (P), Berlin-Schönefeld (S) und Berlin-Alexanderplatz (A) und Tagesgänge bei unterschiedlichem Bedeckungsgrad

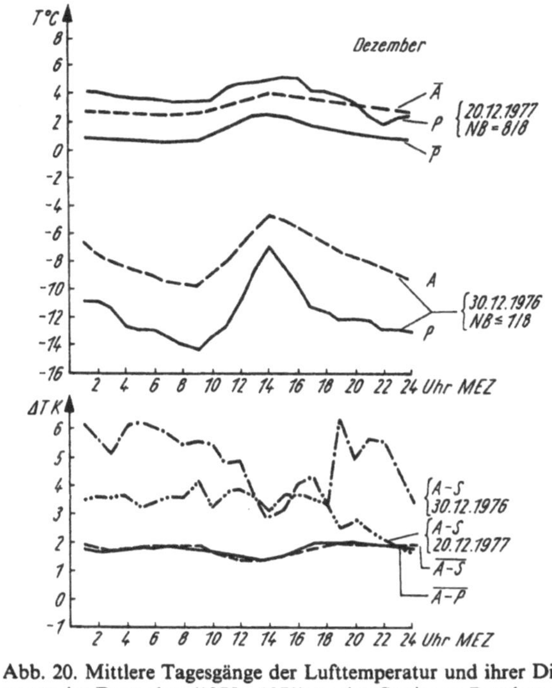

Abb. 20. Mittlere Tagesgänge der Lufttemperatur und ihrer Differenzen im Dezember (1975—1979) an den Stationen Potsdam (P), Berlin-Schönefeld (S) und Berlin-Alexanderplatz (A) und Tagesgänge bei unterschiedlichem Bedeckungsgrad

Tagesgang auf. An einem Tag mit lediglich 1/8 Bedeckung in den frühen Morgenstunden (30. 6. 1976) steigt die Temperaturdifferenz zwischen Stadt und Umland auf 5,3 K an. Zwischen 12 und 17 Uhr treten, wie auch anderenorts beobachtet (Kratzer 1956, Rastorgueva 1974, Tomlain 1979), negative Differenzen bis zu —0,9 K auf. Bei geschlossener tiefer Bewölkung am 16. 6. 1979 liegen die Differenzen zwischen 0,7 und 2,5 K, wobei ein Tagesgang nicht erkennbar ist. Im Dezember erreichen die Differenzen an einem wolkenlosen Tag (30. 12. 1976) ebenfalls überdurchschnittlich hohe Werte von 6,2 K. An diesem Tag verringern sie sich zwischen 13 und 15 Uhr auf 2,8 K. Geschlossene Bewölkung bewirkt auch im Dezember ein Verschwinden des Tagesganges (20. 12. 1977) mit Differenzen zwischen 2,0 und 4,2 K.

Bestimmt man aus den Stundenwerten die Extremwerte für jede Stunde des gesamten Zeitraums, so erhält man Kurven, in denen der Juni-Tagesgang sowohl bei den Maxima als auch bei den Minima eine größere Amplitude besitzt als der Dezember-Tagesgang. Das gilt für die Stadt und das Umland (Abb. 21, 22). Im Juni nähern sich die Kurven für Berlin-Alexanderplatz und Potsdam um die Mittagszeit am stärksten. In diesem Fall wie auch im Verlauf der gemittelten Tagesgänge kommt man zu dem Schluß, daß zur Zeit der höchsten kurzwelligen Strahlungsflußdichte die täglichen Maxima in der Stadt relativ weniger durch anthropogene Einflüsse gegenüber denen des Umlandes erhöht sind als die Tagesminima. Das führt dazu, daß die Amplitude des Tagesganges in der Stadt diejenige des Umlandes nicht erreicht.

Bei den Tagesgängen der stündlichen Maximalwerte im Juni ist eine deutliche Abweichung vom zu erwartenden Kurvenverlauf zwischen 12 und 18 Uhr gemeinsam. Das ist sicher auf den für diese Jahreszeit typischen Tagesgang der konvektiven Bewölkung mit einem Maximum am Nachmittag zurückzuführen. Das Wärmespeichervermögen der städtischen Bausubstanz und sicherlich auch der anthropogene Wärmestrom ermöglichen jedoch eine geringere Reduktion der überhaupt möglichen Höchsttemperatur im Vergleich zum Umland.

Der Einfluß der Stadt auf das horizontale Temperaturfeld kommt bei geringer Bewölkung, wie die Beispiele in Abb. 19 und Abb. 20 zeigen, und bei schwacher Luftbewegung besonders klar zur Geltung. Dieser Effekt kann noch deutlicher herausgearbeitet werden: Sortiert man aus allen stündlichen Beobachtungen diejenigen Fälle heraus, bei denen in Berlin-Schönefeld der Bedeckungsgrad zwei Achtel nicht überschreitet und die Windgeschwindigkeit ≦3,0 m/s ist, erhält man aus diesen Wertekollektiven neue, synthetische Tagesgänge. Es wurden dabei nicht die Tagesgänge mehrerer Tage, an denen zu jeder Stunde die o.g. Forderung erfüllt war, gemittelt, sondern jeweils die stündlichen Beobachtungen, die durchaus unterschiedlichen Tagen entstammen können. Die mit dem Index „0" versehenen Tagesgänge der Lufttemperatur, der Differenzen und der stündlichen Extrema weisen eine größere Amplitude auf als bei Berücksichtigung aller Beobachtungen.

Die Temperaturdifferenz zwischen Berlin-Alexanderplatz und Potsdam ($\overline{A_0-P_0}$) bzw. Berlin-Schönefeld ($\overline{A_0-S_0}$) erreicht im Juni ihr Maximum zwischen 4 und 5 Uhr MEZ und ihr Minimum zwischen 14 und 16 Uhr MEZ (Abb. 21). Im Dezember sind die Kollektivumfänge wegen der im Mittel höheren Windgeschwindigkeit und des größeren Bedeckungsgrades (vgl. Abb. 22) geringer,

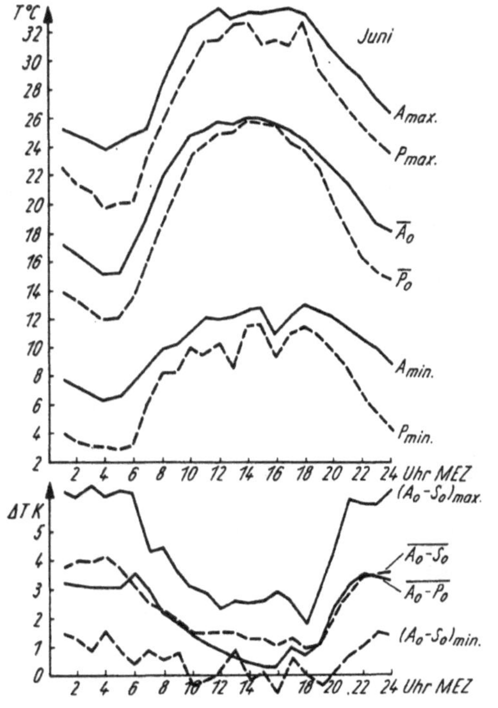

Abb. 21. Mittlere Tagesgänge der Extrema der Lufttemperatur und mittlere Tagesgänge der Lufttemperatur, der Differenzen und Extrema für Beobachtungen mit Windgeschwindigkeiten ≦3 m/s und Bedeckungsgrad <3/8 (Index „o") im Juni (1975—1979) an den Stationen Potsdam (P), Berlin-Schönefeld (S) und Berlin-Alexanderplatz (A)

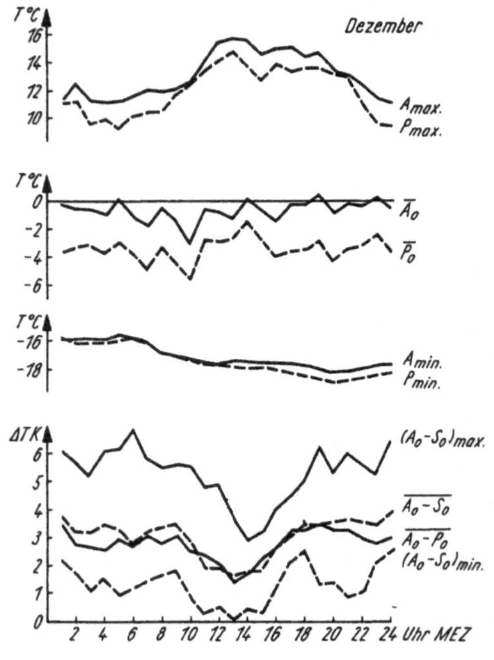

Abb. 22. Mittlere Tagesgänge der Extrema der Lufttemperatur und mittlere Tagesgänge der Lufttemperatur, der Differenzen und Extrema für Beobachtungen mit Windgeschwindigkeiten ≦3 m/s und Bedeckungsgrad <3/8 (Index „o") im Dezember (1975—1979) an den Stationen Potsdam (P), Berlin-Schönefeld (S) und Berlin-Alexanderplatz (A)

was einen weniger ausgeglichenen Kurvenverlauf der mittleren Gänge zur Folge hat. Sehr interessant ist die Tatsache, daß die absoluten stündlichen Maxima der Differenz (A_0—S_0) in den Nachtstunden sowohl im Juni als auch im Dezember in gleichen Größenordnungen liegen. Am frühen Nachmittag dagegen erreichen die Beträge der Maxima im Juni nicht die des Dezembers. Die Ausbildung einer negativen Temperaturdifferenz zwischen Stadt und Umland in den Mittagsstunden bei windschwachem Strahlungswetter wird durch den Verlauf der Minima im Juni (Abb. 21, vgl. auch Tagesgang am 30. 6. 65, Abb. 19) dokumentiert. Im Dezember existiert dieser Fall nicht.

Die bisher größte nachgewiesene Temperaturdifferenz von 13,5 K zwischen Berlin und Umgebung trat in einer winterlichen Strahlungsnacht im Februar 1933 (Reichel 1933) auf. Im Februar 1963 erreichte die Differenz 13,3 K (Heuseler 1965). In beiden Fällen war im Umland eine geschlossene Schneedecke vorhanden. Wegen ihrer gegenüber dem Erdboden geringeren Wärmeleitfähigkeit und ihrer meist negativen Strahlungsbilanz trägt sie zum verstärkten Temperaturrückgang im Umland und damit zur Vergrößerung des Temperaturunterschiedes zur Stadt bei. Außerdem verringert sich die Albedo der Schneedecke in der Stadt durch die Ablagerung von Staub- und Rußteilchen beträchtlich. Dies und die Beseitigung der Schneedecke mit technischen Mitteln bewirkt, daß in solchen Fällen die Albedodifferenz zwischen Stadt und Umland größer ist als sonst.

4.2.6. Erwärmungs- und Abkühlungsrate

Aus den vorliegenden stündlichen Temperaturmessungen in der Stadt und im Umland kann man die zeitliche Temperaturänderung berechnen, die in der Gegenüberstellung wiederum den urbanen Einfluß erkennen läßt.

Zur Trennung der Einflüsse von Bedeckungsgrad und Windgeschwindigkeit wurden aus den Reihen der stündlichen Temperaturänderung (K/h) für Berlin-Alexanderplatz und Berlin-Schönefeld vier Teilkollektive nach folgenden Kriterien gebildet (Tab. 32).

Tabelle 32
Bedeckungsgrad und Windgeschwindigkeit in den Teilkollektiven I bis IV

Teilkollektiv	Bedeckungsgrad (Achtel)	Windgeschwindigkeit (m/s)
I	$0 \leqq NB \leqq 4$	$0 \leqq U \leqq 3$
II	$0 \leqq NB \leqq 4$	$4 \leqq U \leqq 20$
III	$5 \leqq NB \leqq 8$	$0 \leqq U \leqq 3$
IV	$5 \leqq NB \leqq 8$	$4 \leqq U \leqq 20$

Die zugehörigen mittleren Tagesgänge (Abb. 23 und Abb. 24) weisen sowohl im Juni als auch im Dezember untereinander deutliche Unterschiede auf.

Im Juni erreicht die zeitliche Temperaturänderung bei schwachwindigem Strahlungswetter ihr Maximum gegen 8 Uhr MEZ und das Minimum gegen 20 Uhr. Sowohl die Erwärmungs- als auch die Abkühlungsrate sind in der Stadt kleiner als im Umland, besonders in den Morgen- und Abendstunden. Mit dieser Tatsache korrespon-

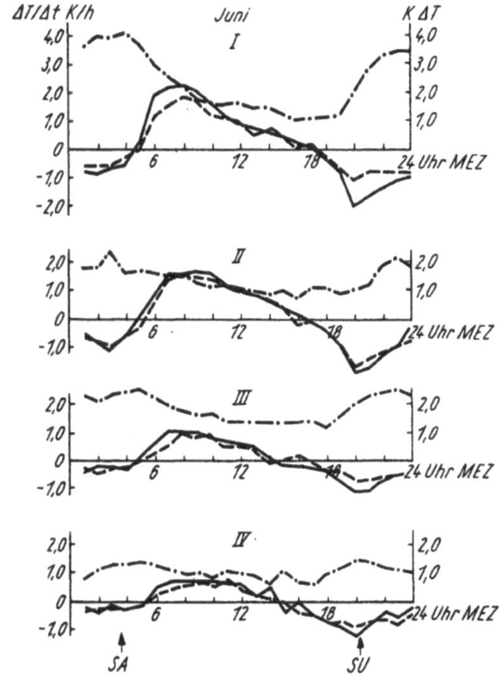

Abb. 23. Mittlere Tagesgänge der zeitlichen Temperaturänderung $\Delta T/\Delta t$ in Berlin-Alexanderplatz (-----), in Berlin-Schönefeld (———) und der Temperaturdifferenz ΔT = A—S (— · —) im Juni (1975—1979) für vier Kombinationen von Bedeckungsgrad und Windgeschwindigkeit

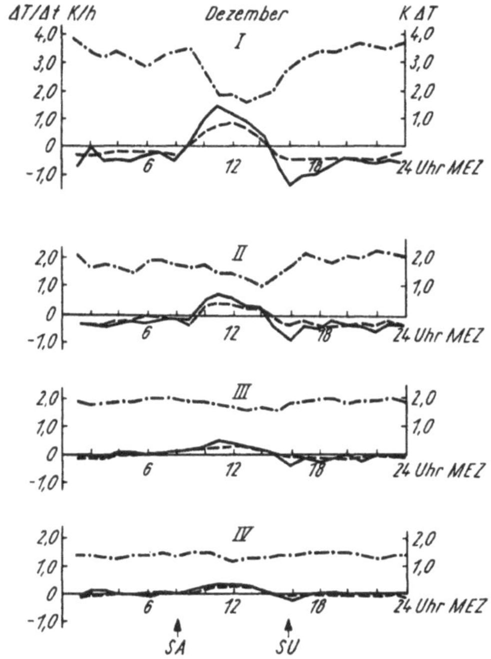

Abb. 24. Mittlere Tagesgänge der zeitlichen Temperaturänderung $\Delta T/\Delta t$ in Berlin-Alexanderplatz (-----), in Berlin-Schönefeld (———) und der Temperaturdifferenz ΔT = A—S (— · —) im Dezember (1975—1979) für vier Kombinationen von Bedeckungsgrad und Windgeschwindigkeit

diert der zeitliche Verlauf der Temperaturdifferenz zwischen Stadt und Umland. Im Teilkollektiv I stehen als mittlere Maximalwerte von Erwärmung bzw. Abkühlung in der Stadt +1,8 K/h bzw. —1,7 K/h denen der Umgebung mit +2,3 K/h bzw. —2,0 K/h gegenüber.

Der Betrag der Abkühlungsgeschwindigkeit liegt in der gleichen Größenordnung wie jener, den Richter (1969) bei Sondermessungen an Sommertagen in Westberlin ermittelte. Er erhielt für die Außenbezirke Westberlins ein Maximum von —2,2 K/h und für das Stadtzentrum —1,5 K/h.

In der Stadt bewirken also die Wärmekapazität und die Wärmeleitfähigkeit des Baumaterials, daß bei zunehmender solarer Einstrahlung morgens weniger Energie für den fühlbaren Wärmestrom zur Verfügung steht als im Umland, während in den Abendstunden bei abnehmender kurzwelliger Energiezufuhr die Bausubstanz Wärme an die Umgebung abgibt und den fühlbaren Wärmestrom verstärkt. Hinzu kommt, daß die Dunstglocke über der Stadt die kurz- und langwellige Strahlungsbilanz beeinflußt und die nächtliche Abkühlung wie auch die Erwärmung am Tage in der Stadt reduziert.

In allen Teilkollektiven erkennt man, daß morgens die Erwärmung in der Umgebung früher einsetzt und schneller dem Maximalwert zustrebt als in der Stadt.

Höhere Windgeschwindigkeiten fördern die horizontale und vertikale Durchmischung in der Stadtgrenzschicht und verringern damit die Unterschiede zwischen der zeitlichen Temperaturänderung in Stadt und Umland. Die Folge davon ist eine geringere Amplitude der städtischen Wärmeinsel im Tagesgang (Teilkollektiv II). Die Amplitude des Tagesganges der zeitlichen Temperaturänderung wird im wesentlichen durch den Bedekkungsgrad und weniger durch die Windgeschwindigkeit bestimmt. Ein Bedeckungsgrad von mehr als 4 Achtel reduziert die Beträge von Abkühlung und Erwärmung in Stadt und Umland gleichermaßen. Die strahlungsaktive Rolle der Dunstglocke tritt hier zurück (Teilkollektive III und IV.).

Im Dezember sind windschwache Strahlungstage ebenfalls mit den größten Beträgen der zeitlichen Temperaturänderung verknüpft. Sehr deutlich treten die jeweils höheren Beträge im Umland hervor. Höhere Windgeschwindigkeiten reduzieren sowohl den Betrag als auch den Unterschied der Erwärmungs- und Abkühlungsraten. Bei einem Bedeckungsgrad von mehr als 4 Achtel werden die Beträge der zeitlichen Temperaturänderung sehr klein, und der Anteil des anthropogenen Wärmestroms an der städtischen Wärmeinsel wird dominant.

In der Zusammenstellung der absoluten Extremwerte der zeitlichen Temperaturänderung zeigt sich, daß der Stadteinfluß stets geringere Beträge bewirkt. Bei geringer Bewölkung und geringen Windgeschwindigkeiten (Strahlungswetter) unterscheiden sich die jeweiligen extremen Erwärmungs- und Abkühlungsraten nur wenig voneinander, während bei advektiv geprägtem Wetterablauf die Erwärmungsraten denen für Strahlungswetter gleichen. Die Abkühlungsraten hingegen sind deutlich größer und erreichen im vorliegenden Zeitraum im Umland Werte bis zu —10,4 K/h (Tab. 33).

Das Verhalten der zeitlichen Temperaturänderung im Raum Berlin stimmt qualitativ gut mit jenen Resultaten überein, die Oke, Maxwell und Yap (1972) für Montreal und Vancouver und Lee (1979) für London erhielten (vgl. Abb. 8).

Tabelle 33
Extremwerte der stündlichen Temperaturänderung (K/h) im Juni und Dezember an den Stationen Berlin-Schönefeld und Berlin-Alexanderplatz 1975—1979

Monat		Berlin-Schönefeld	Berlin-Alexanderplatz
Juni	alle Werte	4,8/—10,4	3,9/—8,7
	Strahlungswetter	4,8/—3,5	3,9/—3,4
Dezember	alle Werte	3,5/—5,6	2,1/—4,6
	Strahlungswetter	3,5/—3,5	1,7/—1,5

4.2.7. Korrelation zwischen urbaner Temperaturanomalie und den Größen Windgeschwindigkeit und Bedeckungsgrad

Untersucht man die Korrelation zwischen den Differenzen der stündlichen Temperaturwerte der Stationspaare Berlin-Alexanderplatz — Potsdam (A — P) bzw. Berlin-Alexanderplatz — Berlin-Schönefeld (A — S) und den Terminwerten von Windgeschwindigkeit bzw. Bedeckungsgrad, beobachtet in Berlin-Schönefeld, so erhält man bis auf einen Fall erwartungsgemäß stets negative Korrelationskoeffizienten. Die Temperaturdifferenz zwischen Stadt und Umland erhöht sich demnach mit abnehmender Windgeschwindigkeit und kleiner werdendem Bedeckungsgrad. Die Beträge dieser tetrachorischen Korrelationskoeffizienten, zu deren Berechnung die empirischen Häufigkeitsverteilungen keiner Normalverteilung genügen müssen, sind sämtlich mit einer Irrtumswahrscheinlichkeit von 0,1 % statistisch gesichert.

Bei den Beobachtungen am Tage (d. h. im Juni die Termine 4 Uhr — 20 Uhr, im Dezember die Termine 8 Uhr — 16 Uhr) sind für den Zeitraum 1975—1979 die Beträge der tetrachorischen Korrelationskoeffizienten bezüglich des Bedeckungsgrades im Dezember größer als im Juni, während bezüglich der Windgeschwindigkeit und in den Nachtstunden das Umgekehrte gilt (Tab. 34).

Die Existenz solcher gesicherter Korrelationen könnte zur Abschätzung der Lufttemperatur in der Stadt aus den (u. U. prognostizierten) Werten der Lufttemperatur und weiterer relevanter meteorologischer Parameter im Umland genutzt werden.

Zu diesem Zweck wurden die Temperaturwerte der Stationen Berlin-Alexanderplatz und Berlin-Schönefeld zusammen mit der dort beobachteten Windgeschwindigkeit und dem Bedeckungsgrad einer multiplen Regressionsanalyse unterzogen (*Merkor*). Dabei muß angemerkt werden, daß die Bedingung der Normalverteilung bezüglich der empirischen Verteilungsfunktionen der zu

Tabelle 34
Tetrachorische Korrelationskoeffizienten (*RK*) und Mittelwerte für den Zusammenhang zwischen der Temperaturdifferenz Berlin-Alexanderplatz—Potsdam (A—P) bzw. Berlin-Alexanderplatz—Berlin-Schönefeld (A—S) und dem Bedeckungsgrad (*NB*) bzw. Windgeschwindigkeit (*U*), gemessen in Berlin-Schönefeld, nach stündlichen Beobachtungen (1975—1979)

Zeitraum	Parameter	Juni			Dezember		
		$\bar{x}$	*RK(NB)*	*RK(U)*	$\bar{x}$	*RK(NB)*	*RK(U)*
Tag	*NB*	4,8 Achtel	—	—	6,7 Achtel	—	—
	U	3,2 m/s	—	—	4,4 m/s	—	—
	A—P	1,6 K	0,071	—0,347	1,6 K	—0,150	—0,287
	A—S	1,6 K	—0,151	—0,453	1,6 K	—0,186	—0,344
	N	2550	—	—	1395	—	—
Nacht	*NB*	4,0 Achtel	—	—	6,2 Achtel	—	—
	U	2,2 m/s	—	—	4,1 m/s	—	—
	A—P	2,8 K	—0,435	—0,426	1,8 K	—0,361	—0,342
	A—S	2,8 K	—0,590	—0,501	1,9 K	—0,415	—0,400
	N	1050	—	—	2325	—	—

Tabelle 35
Ergebnisse der multiplen Regressionsanalyse für den Zusammenhang zwischen der Lufttemperatur in Berlin-Alexanderplatz (T_A) und den Werten von Lufttemperatur (T_S), Windgeschwindigkeit (*U*) und Bedeckungsgrad (*NB*) in Berlin-Schönefeld im Zeitraum 1975—1979

		T_A	T_S	*U*	*NB*	*N*
Juni 5 Uhr MEZ	$\bar{x}$	15,2 °C	12,3 °C	1,9 m/s	4,5/8	150
linearer Korrelationskoeffizient		—	0,91	—0,31	—0,02	
multipler Korrelationskoeffizient		0,95	—	—	—	
Juni 15 Uhr MEZ	$\bar{x}$	22,4 °C	21,2 °C	4,0 m/s	5,1/8	150
linearer Korrelationskoeffizient		—	0,97	—0,33	—0,51	
multipler Korrelationskoeffizient		0,98	—	—	—	
Dezember 5 Uhr MEZ	$\bar{x}$	2,5 °C	0,7 °C	4,1 m/s	6,3/8	155
linearer Korrelationskoeffizient		—	0,97	—0,20	—0,28	
multipler Korrelationskoeffizient		0,98	—	—	—	
Dezember 15 Uhr MEZ	$\bar{x}$	3,9 °C	2,4 °C	4,5 m/s	6,7/8	155
linearer Korrelationskoeffizient		—	0,99	—0,18	—0,23	
multipler Korrelationskoeffizient		0,99	—	—	—	

verknüpfenden Parameter beim Bedeckungsgrad nur in grober Näherung erfüllt ist (vgl. Abb. 18).

Die Rechnungen beziehen sich im Juni und Dezember jeweils auf den Beobachtungstermin 5 Uhr MEZ (Maximum des ΔT (Stadt—Umland)) und 15 Uhr MEZ (Minimum des ΔT (Stadt—Umland)).

Die in Tab. 35 aufgeführten Werte des linearen Korrelationskoeffizienten beziehen sich auf Korrelation zwischen der Lufttemperatur T_A und dem betreffenden Parameter. Der hohe multiple Korrelationskoeffizient beruht vor allem auf der Strammheit des Zusammenhanges zwischen den Lufttemperaturen von Stadt und Umland. Mit den Werten T_S, *U* und *NB* für Berlin-Schönefeld ergeben sich für die Lufttemperatur T_A in Berlin-Alexanderplatz folgende Regressionsgleichungen:

Juni: 5 Uhr MEZ

$$T_A = 19{,}11 + 0{,}95 \cdot T_S - 0{,}51 \cdot U - 0{,}15 \cdot NB\,,$$

15 Uhr MEZ

$$T_A = 9{,}06 + 0{,}97 \cdot T_S - 0{,}11 \cdot U\,,$$

Dezember: 5 Uhr MEZ

$$T_A = 11{,}01 + 0{,}97 \cdot T_S - 0{,}12 \cdot U - 0{,}12 \cdot NB\,,$$

$$T_A = -2{,}51 + 1{,}02 \cdot T_S - 0{,}07 \cdot U$$

mit *U* in m/s, *NB* in Achtel und T_A, T_S in K.

Mit diesen Regressionsbeziehungen kann die Temperaturprognose für Berlin verbessert werden. Da vor allem die Minima der Lufttemperatur einen bedeutenden Einfluß auf den Energiebedarf der Stadt haben, trägt die Verbesserung der Temperaturvorhersage zu einer rationellen Energieanwendung bei.

Ähnliche Regressionsbeziehungen für die Tagesmittel der Lufttemperatur von Potsdam ($\overline{T_P}$) und Berlin-Alexanderplatz ($\overline{T_A}$) bzw. -Ostkreuz ($\overline{T_O}$), allerdings ohne Berücksichtigung von Wind und Bedeckungsgrad, berechneten Lehmann und Petzold (1978).

Sie lauten für den Monat Januar:

$$\overline{T_A} = 1{,}55 + 0{,}97 \cdot \overline{T_P}\,,$$

$$\overline{T_O} = 0{,}84 + 0{,}97 \cdot \overline{T_P}\,,$$

und für den Monat Juli:

$$\overline{T_A} = 2{,}36 + 0{,}95 \cdot \overline{T_P}\,,$$

$$\overline{T_O} = 1{,}62 + 0{,}98 \cdot \overline{T_P}$$

mit $\overline{T_A}$, $\overline{T_O}$, $\overline{T_P}$ in °C.

4.2.8. Horizontale Ausdehnung der Wärmeinsel

Die horizontale Ausdehnung und Struktur der urbanen Temperaturanomalie läßt sich anhand der wenigen verfügbaren Klimadaten (*Jahrbuch*) für die Stationen Berlin-Mitte, -Lichtenberg und -Treptow nur grob abschätzen. Die örtlichen Besonderheiten der Bebauungsdichte und der Flächennutzung werden aber im Temperaturfeld bereits erkennbar.

Im Zeitraum 1956—1960 weist die im Zentrum der Stadt gelegene Station Berlin-Mitte den höchsten Betrag der Temperaturdifferenz (Jahresmittel) mit 1,1 K auf. In größerer Entfernung vom Stadtzentrum verringert sich diese Differenz auf 0,5 K (Berlin-Lichtenberg) (Tab. 36). Die Jahresmitteltemperatur der Station Berlin-Treptow, näher dem Stadtzentrum als Lichtenberg, liegt dagegen unter dem Einfluß des Treptower Parks nur noch um 0,4 K über derjenigen von Potsdam.

Dieser Effekt großer Grünflächen und Baumbestände auf die Lufttemperatur kann im Vergleich mit den Messungen an der Station Berlin-Ostkreuz noch besser demonstriert werden. Diese Station befindet sich in gleicher Entfernung vom Stadtkern wie Berlin-Treptow. Ihr Abstand untereinander beträgt 1,6 km (Tab. 37).

Während in Berlin-Ostkreuz sowohl die Beträge der Differenzen als auch der Jahresgang denen der Station Berlin-Mitte gleichen, sind in Berlin-Treptow die Beträge geringer und erreichen in den Monaten August bis Oktober ihr Minimum. Als Folge dieser zueinander inversen Jahresgänge weist die Differenz der Monatsmittel zwischen Berlin-Ostkreuz und Berlin-Treptow in den genannten Monaten ihr Maximum auf. Unterstellt man, daß sich in der Umgebung von Berlin-Ostkreuz an den Faktoren, die zu diesem Wärmeinseleffekt führen, nichts geändert hat, so werden zwei Dinge deutlich: Erstens die Annäherung des Temperaturregimes von Parkanlagen an dasjenige des Umlandes (Abbau der Wärmeinsel) und zweitens der Einfluß der Vegetationsentwicklung selbst auf das Lokalklima des Parks. Da solche Einflüsse auch an den Stationen im Umland wirken können, bedarf die Auswahl von Klimastationen in Stadt und Umland besonderer Sorgfalt, wenn aus deren Vergleich stadtklimatische Effekte abgeleitet werden sollen.

Eine Vorstellung der räumlichen Struktur der Wärmeinsel vermittelt eine Studie von Reichenbächer (1978), der bei ähnlichen Größenordnungen der Differenzen die höchsten Werte im Stadtzentrum lokalisiert und dabei die modifizierende Wirkung größerer Waldgebiete (Spandauer und Tegeler Forst, Grunewald in Westber-

Tabelle 36

Jahresmitteltemperatur in Potsdam und Differenzen der Jahresmittel von Stationen im Stadtgebiet von Berlin zu Potsdam (°C, K)

Jahr	T (°C) Potsdam	ΔT (K) Berlin- -Mitte	-Lichtenberg	-Treptow
1956	7,1	1,1	0,5	0,5
1957	9,0	1,0	0,4	0,3
1958	8,4	1,1	0,6	0,5
1959	9,4	1,2	0,5	0,3
1960	8,6	1,2	0,6	0,5
Mittel	8,5	1,1	0,5	0,4

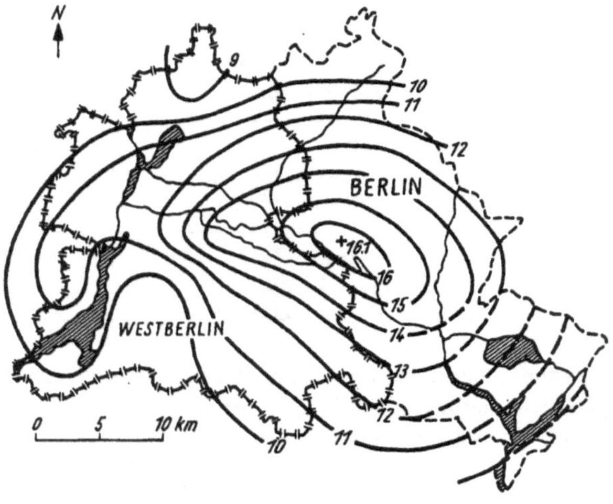

Abb. 25. Räumliche Verteilung der Lufttemperatur (°C) in 2 m Höhe am 6. 8. 1974 um 24.00 Uhr MEZ (nach Reichenbächer 1978)

Tabelle 37

Differenzen der Monatsmittelwerte in Berlin-Ostkreuz und Berlin-Treptow zum Monatsmittel in Potsdam und Differenz zwischen Berlin-Ostkreuz und -Treptow (1962—1966)

Station	I	II	III	IV	V	VI	VII	VIII	IX	X	XI	XII
Potsdam	−2,2	−1,1	1,8	8,8	12,9	17,4	17,4	16,5	13,7	9,2	3,7	−0,3 °C
Berlin-Ostkreuz	1,0	0,9	0,8	1,0	1,1	1,2	1,2	1,3	1,1	0,9	1,0	0,9 K
Berlin-Treptow	0,6	0,5	0,3	0,4	0,3	0,3	0,3	0,2	0,0	0,1	0,6	0,5 K
Ostkreuz—Treptow	0,4	0,4	0,5	0,6	0,8	0,9	0,9	1,1	1,1	0,8	0,4	0,4 K

lin) zeigen kann. Die Temperaturverteilung am 6. 8. 1974 um 24 Uhr MEZ mit einer Wärmeinselintensität von etwa 6 K wurde als Beispiel ausgewählt (Abb. 25). Die Isolinien sind stark geglättet, denn bei einer höheren Auflösung zeigt sich nach den Meßfahrten von SCHULZE (1969), daß „jede kleinere Ansammlung niedriger bis mittelhoher Gebäude eine kleine Wärmeinsel besitzt".

4.3 Vertikale Temperaturverteilung in Stadt und Umland

Die Kenntnisse über das vertikale Temperaturprofil in Städten basieren in der Mehrzahl auf Messungen an festen Geräteträgern (Antennenmaste, Fernsehtürme). Meßtechnische Probleme entstehen hierbei im wesentlichen nur durch die Notwendigkeit, den Einfluß des Meßgeräteträgers auf das Temperaturfeld der Umgebung zu eliminieren. Das geschieht durch entsprechende Konstruktionen der Ausleger (vgl. MACHALEK 1974).

Der im Zentrum von Berlin befindliche Fernsehturm (Höhe: 365 m) besitzt zwar in fünf verschiedenen Höhen Temperaturgeber, jedoch genügt deren Anbringung nicht der oben erhobenen Forderung. Untersuchungen des vertikalen Temperaturgradienten lassen eine Verfälschung der Meßwerte besonders an den beiden unteren Gebern erkennen, denen zufolge sich wesentlich zu große vertikale Temperaturabnahmen ergeben (LANGE 1973).

Der seltene Umstand, daß im Kernstadtgebiet einer Großstadt regelmäßig Radiosondenaufstiege erfolgen, bietet die Möglichkeit, im Vergleich der aerologischen Daten von der Radiosondenaufstiegsstelle Tempelhof in Westberlin mit jenen der ca. 70 km östlich gelegenen Radiosondenaufstiegsstelle (RSA) Lindenberg den Einfluß der Stadt auf die atmosphärische Grenzschicht nachzuweisen.

Eine Reihe von Arbeiten beschäftigte sich bereits mit einem solchen Vergleich (ANDERS 1972, BECKER 1973, MALBERG 1977, OTT 1979). Allerdings war der Nachweis einer Modifikation der atmosphärischen Grenzschicht zur Stadtgrenzschicht dadurch erschwert, daß in früheren Untersuchungen die Daten nicht von gleichartigen aerologischen Meßsystemen stammten (vgl. ANDERS 1972 und BECKER 1973).

In dem nunmehr bearbeiteten Zeitraum 1974—1976 gelangten an beiden Stationen elektrische Sonden mit trägheitsarmen Widerstandstemperaturgebern zum Einsatz, deren Flugbahn mittels Radar verfolgt wird. An der RSA Lindenberg werden sowjetische Radiosonden vom Typ RKZ-5-II in Verbindung mit der sowjetischen Sondierungsanlage „Meteorit" (*Radiosonde*) und an der RSA Tempelhof amerikanische Sonden verschiedenen Typs zusammen mit dem Radiotheodolit AN/GMD-2 (1680 Hz) (*Abh. Met. Inst.*) verwendet.

Die an die Auswertungen von OTT (1979) anschließende, erneute Bearbeitung eines längeren Zeitraums konzentriert sich sowohl auf die vertikale Temperaturverteilung als auch auf das vertikale Windprofil in der atmosphärischen Grenzschicht.

4.3.1. Datenmaterial

Die Ergebnisse der aerologischen Aufstiege in Tempelhof (Westberlin) werden regelmäßig in den *Abh. Met. Inst.* vollständig veröffentlicht. Von jedem Aufstieg liegen für die markanten Punkte im Temperatur- und Windprofil die Werte Luftdruck, Höhe über NN, Lufttemperatur, Luftfeuchte in Prozent, Windrichtung in Grad und Windgeschwindigkeit in m/s vor. Unter markanten Punkten versteht man dabei jene Stützstellen der durch Geradenstücke approximierten gemessenen Vertikalprofile von Windvektor und Temperatur, die eine Reproduktion der Meßergebnisse ermöglichen. Diese Daten wurden unter Anwendung der Codierungsvorschrift des Meteorologischen Dienstes der DDR für die Kartenarten $\overset{\times}{5}1 \dots \overset{\times}{5}6$ (markante Punkte Temperatur) und $\overset{\times}{6}1$ bis $\overset{\times}{6}6$ (markante Punkte Wind) auf Lochkarte übertragen.

Die Angaben über die markanten Punkte in den aerologischen Aufstiegen in Lindenberg unterscheiden sich von denen in Tempelhof insofern, als für markante Punkte im Temperaturprofil die Windwerte und für jene im Windprofil die Temperaturwerte fehlen. Sie liegen seit dem 1. 1. 1974 bereits auf Lochkarten der oben erwähnten Kartenarten vor.

Während an der RSA Lindenberg täglich vier Aufstiege durchgeführt werden, erfolgte im untersuchten Zeitraum 1974—1976 an der RSA Tempelhof täglich nur ein Aufstieg zum Termin 12 Uhr UTC. Der Vergleich kann damit nur für diesen Termin erfolgen. Folglich sind von vornherein verschiedene, vom Tagesgang abhängige Charakteristika der Modifikation der Grenzschicht zur Stadtgrenzschicht weniger klar oder überhaupt nicht erkennbar. So erreicht die Intensität der Wärmeinsel in den Mittagsstunden ihr Minimum (vgl. Abschn. 4.2.5.), die Unterschiede in der thermischen Schichtung zwischen Stadt und Umland sind ebenfalls gegenüber den Nachtstunden verringert.

Die prinzipiellen Nachteile der Daten von Radiosonden liegen darin begründet, daß wegen ihrer relativ hohen Steiggeschwindigkeit und den vorgegebenen Werten von Abtastfrequenz und Meßfühlerträgheit die Feinstruktur der Grenzschicht nicht erfaßt werden kann. Infolge der vom vertikalen Windprofil und der Steiggeschwindigkeit abhängigen Neigung der Flugbahn stammen die Meßwerte nicht aus der vertikalen Luftsäule über dem Startort, sondern aus einer auch durch die Winddrehung mit der Höhe verformten und von der Vertikalen abweichenden Luftsäule. Dadurch widerspiegeln sich in den Meßwerten auch horizontale Gradienten der betreffenden meteorologischen Größen. Die von Aufstieg zu Aufstieg unterschiedliche Höhenlage der markanten Punkte erschwert die statistische Auswertung der Profile, weil dabei zweckmäßigerweise auf festgelegte Höhen übergegangen werden muß.

Als Vorteil erweist sich dagegen das Vorhandensein von Aufstiegen an jedem Tag in längeren Reihen ohne jene Selektionseffekte, wie sie bei Sondermessungen zwangsläufig auftreten (vgl. BERNHARDT und HELBIG 1982).

Zum Aufbau zweier Datensätze als Grundlage der

weiteren Auswertung wurden die Lochkarten auf Magnetband bei gleichzeitiger Korrektur fehlerhafter und Ergänzung fehlender Daten übertragen. Jeder Datensatz besteht aus 1096 Records zu je 105 Worten, die die Angaben von maximal 15 markanten Punkten enthalten. In einer Übersicht sind weitere Einzelheiten zum Datenmaterial zusammengestellt worden (Tab. 38).

Zur Beantwortung der Frage, aus welchem Volumen der Stadtgrenzschicht die Daten stammen, soll die Berechnung der Entfernung des Fußpunktes (Projektion des Ballonstandortes auf die horizontale Erdoberfläche) des Ballons zu jenem Zeitpunkt vorgenommen werden, zu dem der Ballon eine Höhe von 500 m bzw. 1000 m ü. Gr. erreicht. Die Steiggeschwindigkeiten eines jeden Aufstiegs werden den Aufstiegsunterlagen entnommen (*Abh. Met. Inst.*) und als höhenunabhängig angesehen, was im Mittel berechtigt ist (vgl. HELBIG 1977). Die Bestimmung der Abdrift erfolgte unter der Voraussetzung, daß der Windvektor in der Höhe $z(i)$ des markanten Punktes i für die Schicht von $z(i) - (z(i) - z(i-1))/2$ bis $z(i) + (z(i+1) - z(i))/2$ Gültigkeit hat.

Tabelle 38
Geographische Koordinaten und mittlere Anzahl markanter Punkte bis 500 m bzw. 1000 m über Grund an den Stationen Tempelhof und Lindenberg

Station	Tempelhof (Westberlin)	Lindenberg
Stations-Nr.	10 384	09 393
geographische Breite	52°28′ N	52°13′ N
geographische Länge	13°26′ E	14°07′ E
Höhe über NN	46 m	100 m
Anzahl der Aufstiege 1974—1976, 12 Uhr UTC	1096	1096
mittlere Anzahl der markanten Punkte bis 500 m/1000 m über Grund pro Aufstieg:		
— Temperatur	2,43/4,00	1,63/2,10
— Wind	2,43/4,00	1,23/1,63

Analysiert man nun die räumliche Verteilung der Durchstoßpunkte der Flugbahn in der vorgegebenen Höhenfläche durch Aufteilung in acht Richtungssektoren und zwei Klassen der Fußpunktentfernung, so erhält man folgende Resultate (Abb. 26): In der 500-m-Höhenfläche wird in 55,7% bzw. 88,6% aller Aufstiege die horizontale Entfernung von 500 m bzw. 1000 m nicht überschritten. In 51,8 bzw. 90,3% aller Aufstiege liegen die horizontalen Entfernungen der Durchstoßpunkte in der 1000-m-Höhenfläche unter 1000 m bzw. 2000 m. Beiden Verteilungen ist die hohe Konzentration der Durchstoßpunkte auf den Sektor zwischen 0° und 90° entsprechend der Hauptwindrichtung gemeinsam.

Eine vergleichende Darstellung der Häufigkeiten bei verschiedenen Entfernungsbereichen bietet Tab. 39. Ergänzend sei bemerkt, daß in Abhängigkeit vom vertikalen Verlauf der Windrichtung in der jeweiligen Schicht zwischen Boden und Höhenfläche durchaus größere Entfernungen als angegeben auftreten können.

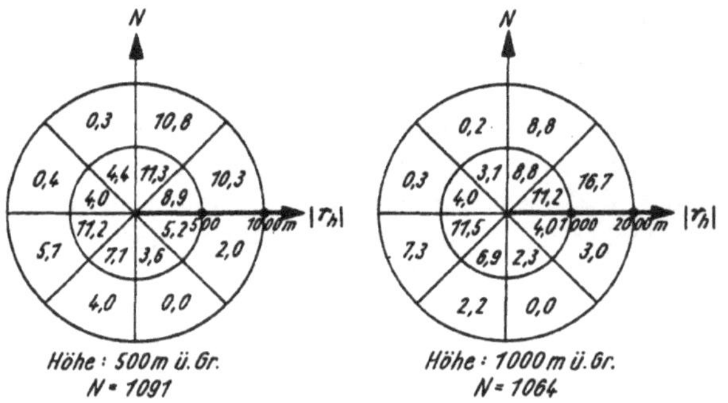

Abb. 26. Häufigkeitsverteilung (%) des Richtungsvektors r_h zum Fußpunkt des Ballonstandortes bezüglich einer Flughöhe von 500 m und 1000 m über Grund, Tempelhof 12 Uhr UTC, 1974 bis 1976

Tabelle 39
Relative Häufigkeiten (%) der Fußpunktentfernungen für Durchstoßpunkte in der 500-m- und 1000-m-Höhenfläche für Aufstiege in Tempelhof (Westberlin) 12 Uhr UTC, 1974—1976

Höhenfläche	500 m über Grund	1000 m über Grund
Fußpunktentfernung m		
0— 499	55,6	22,6
500— 999	33,0	29,1
1000—1499	8,3	23,9
1500—1999	2,4	14,7
Summe	99,3	90,3

Insgesamt zeigt sich, daß relativ zur Ausdehnung des Stadtgebietes von Berlin die horizontale Ballondrift die Grenze des Kernstadtgebietes nur selten überschreitet und somit die im Vergleich mit den vertikalen sehr kleinen horizontalen Gradienten von Temperatur und Windgeschwindigkeit vernachlässigt werden können.

4.3.2. Mittlere vertikale Temperaturprofile

Für die Schicht zwischen 0 und 1500 m über Grund wurden für jeden Aufstieg aus den markanten Temperaturpunkten mittels linearer Interpolation die Temperaturen in Höhenflächen mit 100 m Abstand untereinander berechnet.

Die daraus abgeleiteten mittleren monatlichen Temperaturprofile sind für beide Stationen in Abb. 27 und 28 dargestellt. In beiden Fällen wird der Jahresgang der Stabilität in den untersten 1,5 km der Atmosphäre deutlich. In den Monaten November bis Februar bildet sich unter dem Einfluß der Stadt bis in etwa 200 m Höhe eine Schicht mit größerer vertikaler Temperaturabnahme als darüber heraus, was im Umland nur im Sommerhalbjahr bei stärkerer Einstrahlung zu beobachten ist. Auf die beträchtlich überadiabatischen Gradienten in den untersten 100 m in Lindenberg wird später eingegangen.

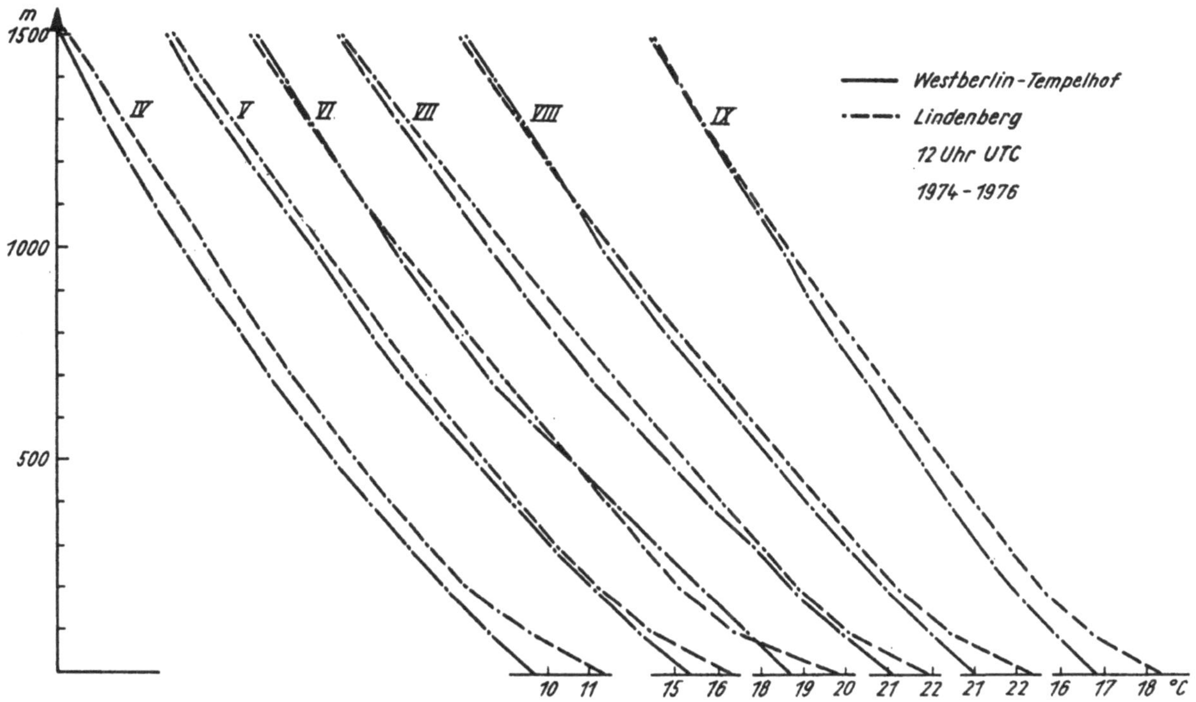

Abb. 27. Mittlere monatliche Temperaturprofile im Sommerhalbjahr (April—September)

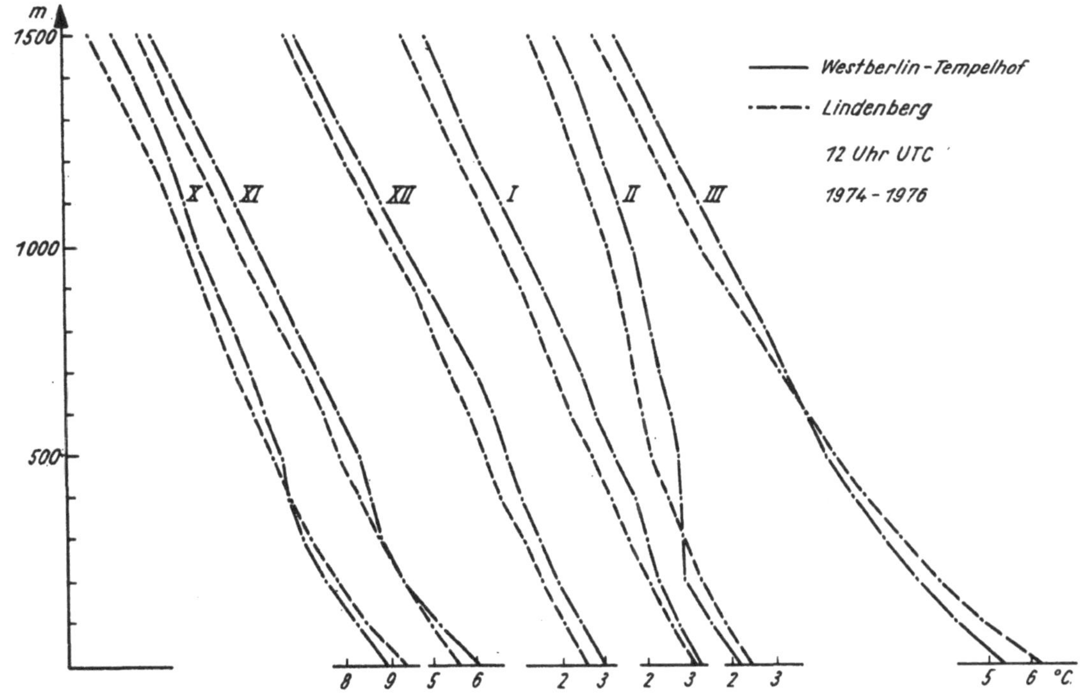

Abb. 28. Mittlere monatliche Temperaturprofile im Winterhalbjahr (Oktober—März)

Daß die Daten etwa die gleichen Streuungen besitzen, beweisen die Vertrauensgrenzen der Stichprobendurchschnitte, die mit einer Irrtumswahrscheinlichkeit $\beta_I = 5\%$ für alle Aufstiege in Tempelhof sich von $\pm 0{,}480$ K in 100 m Höhe auf $\pm 0{,}391$ K in 1500 m Höhe und in Lindenberg entsprechend von $\pm 0{,}484$ K auf $\pm 0{,}398$ K verringern (Tab. 40).

Berechnet man die Differenzen zwischen den Mittelwerten des gesamten Zeitraums, so erhält man vom Boden bis in etwa 400 m Höhe eine von —0,67 K mit der Höhe abnehmende negative und oberhalb 400 m auf 0,21 K zunehmende positive Differenz. Da die Beträge der Differenzen bis auf den Bodenwert jedoch innerhalb der Vertrauensgrenzen der jeweiligen Mittelwerte liegen,

Tabelle 40

Vertikales Temperaturprofil in Tempelhof (Westberlin), Differenz zwischen Tempelhof und Lindenberg und Ergebnis des Zeichentests (*VG* Vertrauensgrenze, *VZ* Vorzeichen der Differenz im Zeichentest, β_I Irrtumswahrscheinlichkeit in Prozent)

Höhe	Jahr					Sommerhalbjahr				Winterhalbjahr			
m	°C $\bar{T}$	°C $\pm VG$	K $\Delta\bar{T}$	*VZ*	β_I	°C $\bar{T}$	K $\Delta\bar{T}$	*VZ*	β_I	°C $\bar{T}$	K $\Delta\bar{T}$	*VZ*	β_I
2	10,91	0,501	−0,67	neg.	1	17,14	−1,21	neg.	1	4,80	−0,12	pos.	5
100	9,99	0,480	−0,23	—	—	16,02	−0,41	neg.	1	4,07	−0,05	pos.	1
200	9,16	0,465	−0,13	—	—	15,02	−0,18	—	—	3,40	−0,09	pos.	5
300	8,48	0,453	−0,09	—	—	12,43	−0,22	—	—	2,97	0,04	pos.	1
400	7,89	0,443	−0,02	—	—	13,23	−0,26	neg.	5	2,65	0,23	pos.	1
500	7,29	0,434	0,02	—	—	12,36	−0,31	neg.	1	2,32	0,35	pos.	1
600	6,68	0,426	0,02	pos.	5	11,51	−0,36	neg.	1	1,96	0,40	pos.	1
700	6,09	0,420	0,03	pos.	5	10,96	−0,39	neg.	1	1,59	0,44	pos.	1
800	5,51	0,413	0,03	pos.	5	9,93	−0,37	neg.	1	1,18	0,44	pos.	1
900	4,94	0,408	0,04	pos.	5	9,22	−0,33	neg.	1	0,76	0,42	pos.	1
1000	4,39	0,405	0,09	pos.	1	8,54	−0,27	neg.	1	0,50	0,45	pos.	1
1100	3,83	0,403	0,12	pos.	1	7,88	−0,21	neg.	5	−0,12	0,45	pos.	1
1200	3,27	0,399	0,14	pos.	1	7,20	−0,17	—	—	−0,57	−0,45	pos.	1
1300	2,72	0,396	0,18	pos.	1	6,54	−0,11	—	—	−1,00	0,47	pos.	1
1400	2,19	0,394	0,21	pos.	1	5,91	−0,06	—	—	−1,44	0,47	pos.	1
1500	1,66	0,391	0,21	pos.	1	5,30	−0,03	—	—	−1,89	0,44	pos.	1

wurden die Berechnungen für das Sommer- und Winterhalbjahr getrennt wiederholt. Im Sommerhalbjahr liegen nun die Temperaturmittelwerte von Tempelhof in allen Schichten unterhalb denen von Lindenberg, während im Winterhalbjahr oberhalb 200 m die Mitteltemperatur über Tempelhof stets größer ist (Tab. 40).

Sieht man von dem Wert für 2 m Höhe im Sommerhalbjahr ab, liegen alle Differenzen in der Größenordnung der Vertrauensgrenzen. Deshalb soll mit dem Zeichentest entschieden werden, ob das Vorzeichen der Differenzen in den einzelnen Höhen statistisch gesichert ist. Mit der Nullhypothese, daß $\Delta T = 0{,}0$ K sei, ergeben sich im Sommerhalbjahr statistisch signifikante negative Differenzen mit Ausnahme der Höhen 200 m, 300 m und oberhalb 1100 m. Das stimmt mit den Beobachtungen einer negativen Temperaturanomalie um die Mittagszeit über Zaporošh'e (VASIL'ČENKO und VDOVIN 1974) überein. Daß das Vorzeichen der Differenz in den Höhen 200 und 300 m statistisch nicht zu sichern und außerdem der Betrag der Differenzen oder- und unterhalb dieser Niveaus größer ist, könnte eine Folge verstärkter Strahlungsdivergenz in einer mit Aerosolen angereicherten Schicht (Bereich der effektiven Schornsteinhöhe) sein.

Im Winterhalbjahr besitzt der Temperaturunterschied der Grenzschicht über der Stadt gegenüber dem Umland in allen betrachteten Höhen ein statistisch gesichertes positives Vorzeichen und ist ein Ausdruck des Wärmeinsel-Phänomens der Stadt.

Der Jahresgang der Differenzen der Schichtmitteltemperaturen von Tempelhof und Lindenberg (Tab. 41) widerspiegelt in geglätteter Form die jahreszeitabhängigen Vorzeichenwechsel der mittleren Temperaturdifferenzen in den einzelnen Höhen (Abb. 29). Die Amplitude des Jahresganges erreicht am Boden einen besonders hohen Betrag. Schon in mittleren monatlichen Temperaturprofilen (Abb. 27) zeigten sich in der Schicht zwischen 2 und 100 m Höhe im August in Lindenberg maximale

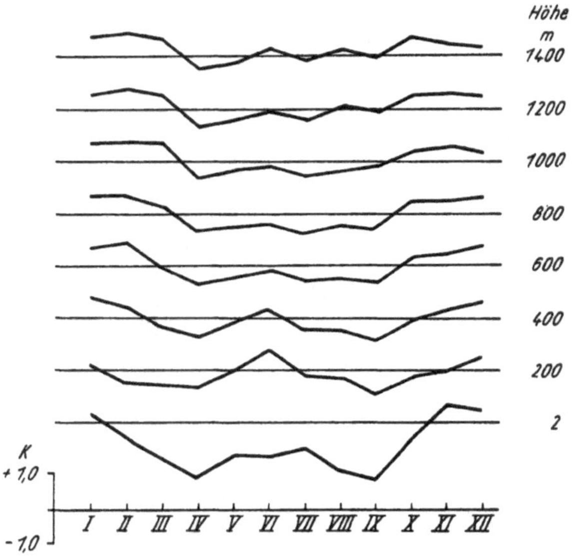

Abb. 29. Mittlerer Jahresgang der Temperaturdifferenz Tempelhof-Lindenberg in Abhängigkeit von der Höhe, 12 Uhr UTC, 1974 bis 1976

Mittelwerte des vertikalen Temperaturgradienten von $\overline{\Delta T/\Delta z} = -1{,}96$ K/100 m, während in Tempelhof das Maximum bei $\overline{\Delta T/\Delta z} = -1{,}24$ K/100 m liegt. Hervorzuheben ist, daß die Unterschiede in den Monatsmitteln im Winterhalbjahr wesentlich geringer als im Sommerhalbjahr sind. In größerer Höhe, beispielsweise zwischen 500 m und 600 m, besitzt zwar der Unterschied noch einen schwachen Jahresgang mit einem Sommermaximum, aber die Maximalwerte (in Lindenberg $\Delta T/\Delta z = -0{,}86$ K/100 m; in Tempelhof $\Delta T/\Delta z = 1{,}01$ K/100 m) differieren beträchtlich weniger (Tab. 41). Beide Tatsachen führen zu dem Schluß, daß es in den Sommermonaten in Lindenberg lokale Ursachen geben muß,

Tabelle 41
Mittlerer Jahresgang der Schichtmitteltemperatur (2—1500 m) in Tempelhof, Differenz zu Lindenberg $\Delta\bar{T}$ und Temperaturgradienten an den Stationen Tempelhof (Te) und Lindenberg (Li) in verschiedenen Schichten, 12 Uhr UTC, 1974—1976

Monat	Schicht 2—1500 m		$\Delta T/\Delta z$ (K/100 m) Schicht 2—100 m		Schicht 500—600 m	
	$\bar{T}$ °C	$\Delta\bar{T}$ K	Te	Li	Te	Li
1	0,17	0,46	−0,56	−0,53	−0,45	−0,48
2	0,12	0,38	−0,64	−0,64	−1,13	−0,22
3	0,29	0,04	−1,06	−1,39	−0,50	−0,61
4	3,56	−0,55	−1,14	−1,80	−0,82	−0,80
5	8,67	−0,25	−1,22	−1,90	−0,88	−0,81
6	11,84	0,00	−1,09	−1,31	−1,01	−0,81
7	14,05	−0,33	−1,24	−1,85	−0,92	−0,86
8	14,60	−0,25	−1,07	−1,96	−0,84	−0,82
9	11,27	−0,45	−0,98	−1,70	−0,66	−0,73
10	5,26	0,19	−0,68	−0,96	−0,35	−0,39
11	2,12	0,34	−0,92	−0,74	−0,45	−0,39
12	−0,45	0,37	−0,50	−0,55	−0,30	−0,36

die solche (scheinbaren) großen vertikalen Temperaturgradienten in der bodennächsten Schicht verursachen.

Frühere Feinstrukturmessungen des vertikalen Temperaturprofils in Lindenberg in der Schicht 1—76 m (Rink 1953) ergeben für heitere Tage in den Monaten März—Oktober Stundenmittel des Temperaturgradienten von $\partial T/\partial z = -1{,}29$ K/100 m (12—13 Uhr) und $-1{,}40$ K/100 m (13—14 Uhr), die damit deutlich unter jenen in Tab. 41 bleiben. Bei der Bildung und Auflösung von Bodeninversionen treten im Höhenbereich von 15—30 m Verformungen des Temperaturprofils auf, die auf Einschübe kälterer oder wärmerer Luft zurückgeführt werden. Als Ursache dieses Effektes nennt Reiber (1967) die Orographie des Geländes. Die Erklärung der großen Gradienten in den Radiosondendaten findet man jedoch in der lokalen Beeinflussung des Bodenwertes. Einige wenige Beispiele sollen dies demonstrieren (Tab. 42). Sie sind durch windschwaches Wetter mit geringer Bewölkung gekennzeichnet.

In der Gegenüberstellung des Bodenwertes der Radiosonde zum Startzeitpunkt (ca. 12.15—12.20 Uhr MEZ) und der Temperaturmessung in der Hütte der meteorologischen Station Lindenberg zeigen sich (bei einer horizontalen Entfernung beider Meßstellen von ca. 100 m) deutlich die z. T. beträchtlich höheren Temperaturen am Radiosondenstartplatz. Dieser nicht repräsentative Bodenwert gibt damit Anlaß zu Gradienten, die selbst noch im Monatsmittel eine Labilität der untersten Luftschicht vorgeben, die großräumig nicht vorhanden ist.

Bei der Erarbeitung einer Stabilitätsklimatologie anhand der Aufstiege der RSA Lindenberg sollte dieser Effekt auf jeden Fall Berücksichtigung finden. Eine Untersuchung der Kopplung großer vertikaler Temperaturgradienten, verursacht durch verfälschte Bodenwerte, mit dem Bodenwindvektor und der Einstrahlung (Bedeckungsgrad) könnte Kriterien zur Korrektur dieser Erscheinung liefern.

4.3.3. Bodeninversionen und erste freie Inversionen

In die Analyse der Temperaturprofile hinsichtlich des Auftretens von Temperaturinversionen gelangten nur solche Termine, an denen sowohl in Tempelhof als auch in Lindenberg ein vollständiger Aufstieg vorliegt. An insgesamt 1056 gleichzeitigen Aufstiegen im Zeitraum 1974—1976 treten in Tempelhof in 43 Fällen (4,1 %) und in Lindenberg in 53 Fällen (5,0 %) Bodeninversionen bzw. Isothermien auf. Diese relativen Häufigkeiten stimmen mit den Ergebnissen früherer Untersuchungen (Bernhardt und Helbig 1982) gut überein. Am Beispiel des Jahresganges der Häufigkeit von Bodeninversionen zu verschiedenen Terminen im Zeitraum 1961—1970 erkennt man deutlich in Lindenberg die markant verringerten Häufigkeiten in den Monaten März bis Oktober gegenüber denen in den übrigen Monaten zum Termin 12 Uhr UTC (Abb. 30). Wegen des geringen Werteumfanges wurde nur eine Trennung in Sommer- und Winterhalbjahr vorgenommen. Danach treten die hier erfaßten Bodeninversionen fast ausschließlich im Winterhalbjahr auf (Tab. 43).

Tabelle 42
Vergleich der Lufttemperatur nach Messung der Radiosonde und der meteorologischen Station Lindenberg

Datum	Radiosonde Bodenwert °C	markanter Punkt Höhe m	markanter Punkt °C	$\Delta T/\Delta z$ K/100 m	Meteorologische Station 10 Uhr °C	13 Uhr °C
5. 4. 1974	15,5	260	8,0	−2,9	10,6	14,2
15. 7. 1974	21,6	120	15,4	−5,2	18,4	20,0
8. 6. 1975	23,6	90	18,0	−6,2	17,9	22,4
6. 8. 1975	27,9	90	23,2	−5,2	24,9	27,5
20. 4. 1976	14,5	190	7,3	−3,8	10,2	14,0
12. 11. 1976	12,4	90	7,4	−5,6	6,4	9,7

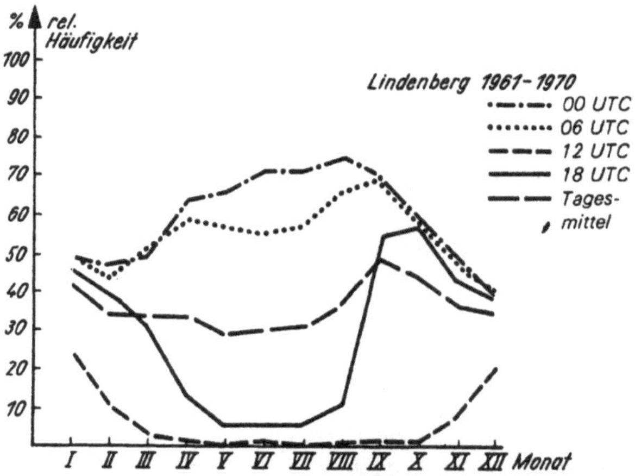

Abb. 30. Mittlere Häufigkeit des Auftretens von Bodeninversionen zu verschiedenen Terminen in Lindenberg

Inwieweit die geringe Anzahl erfaßter Bodeninversionen in Lindenberg im Sommerhalbjahr dem verfälschten Bodenwert anzulasten ist, kann quantitativ nicht entschieden werden. Im Winterhalbjahr ist dieser Effekt jedenfalls von sehr viel geringerer Größenordnung und beeinträchtigt daher nicht die diesbezüglichen Schlußfolgerungen.

Als Folge des verstärkten fühlbaren Wärmestroms und der anthropogenen Energiezufuhr erreicht der mittlere Inversionsbetrag der Inversionen in der Stadt nur 60% des Wertes für das Umland. Das gilt in gleicher Größenordnung auch für die Inversionsmächtigkeit (Tab. 43).

Die Häufigkeitsverteilungen der Inversionsmächtigkeiten zeigen in der Gegenüberstellung (Abb. 31) die höheren relativen Häufigkeiten für flache Inversionen in der Stadt, während im Umland größere Mächtigkeiten bevorzugt auftreten.

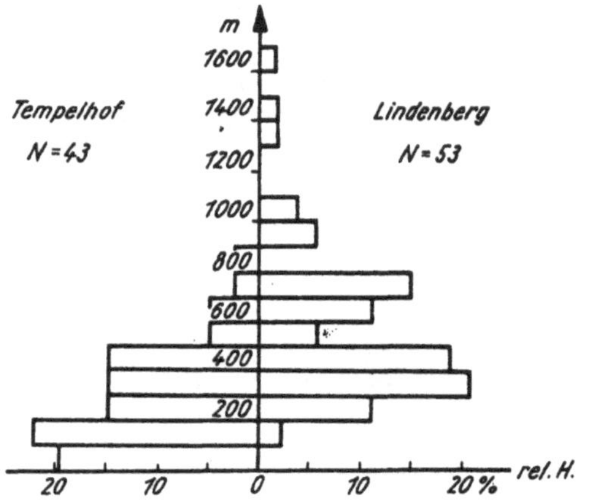

Abb. 31. Relative Häufigkeit der Mächtigkeit von Bodeninversionen bzw. -isothermien, 12 Uhr UTC, 1974—1976

Geht man davon aus, daß beim Auftreten einer Bodeninversion zum Mittagstermin in Lindenberg eine solche synoptische Situation besteht, die auch im Raum Berlin eine Bodeninversion erwarten läßt, wäre ihr Fehlen eine Folge der modifizierten Energiebilanz der Stadtgrenzschicht. Die Analyse des Auftretens von Bodeninversionen zeigt nun, daß in 79% der Fälle, in denen diese in Lindenberg festgestellt wurden, sie in Tempelhof fehlen.

Tabelle 43
Parameter der Bodeninversionen bzw. -isothermien, 12 Uhr UTC, 1974—1976

Parameter	Tempelhof	Lindenberg
Jahr:		
Anzahl	13	53
Inversionsbetrag	1,53 K	2,57 K
Vertrauensgrenze		
$\beta_I = 5\%$	0,59 K	0,68 K
max. Inversionsbetrag	6,5 K	10,5 K
Mächtigkeit	290 m	540 m
Vertrauensgrenze		
$\beta_I = 5\%$	61 m	86 m
max. Mächtigkeit	850 m	1600 m
Stabilitätsenergie S	33,2 J/kg	92,4 J/kg
max. S	219,7 J/kg	547,7 J/kg
Temperaturanstieg ΔT_A	4,4 K	7,7 K
max. ΔT_A	14,7 K	23,3 K
Wärmemenge Q	$1{,}19 \cdot 10^6$ J/m²	$3{,}28 \cdot 10^6$ J/m²
max. Q	$7{,}93 \cdot 10^6$ J/m²	$19{,}07 \cdot 10^6$ J/m²
Winterhalbjahr:		
Anzahl	41	49
Inversionsbetrag	1,60 K	2,69 K
Mächtigkeit	300 m	560 m

Im Auftreten von ersten freien Inversionen prägt sich der modifizierende Einfluß eines Stadtgebietes wegen ihrer größeren Höhe über der Erdoberfläche weniger stark aus. Andererseits bewirkt die Ausbildung einer Schicht mit annähernd trockenadiabatischen Temperaturgradienten in der Stadt die Transformation einer Bodeninversion in eine abgehobene, erste freie Inversion. In den insgesamt 1056 untersuchten Aufstiegen treten in Lindenberg 349 (33,0%) und in Tempelhof 690 (65,3%) erste freie Inversionen mit Untergrenzenhöhen ≦2000 m auf. Die mittlere Untergrenzenhöhe in Lindenberg übertrifft diejenige von Tempelhof um 140 m. Im Winterhalbjahr sinkt die mittlere Höhe der Untergrenze in der Stadt auf 710 m und im Umland auf 800 m ab (Tab. 44).

Die Höhenlage der ersten freien Inversionen läßt sowohl insgesamt als auch nur auf das Winterhalbjahr be-

Tabelle 44
Parameter der ersten freien Inversionen bzw. Isothermien mit Untergrenzenhöhen ≦2000 m, 12 Uhr UTC, 1974—1976

Parameter	Tempelhof	Lindenberg
Jahr:		
Anzahl	698	349
Höhe der Untergrenze	880 m	1020 m
Vertrauensgrenze		
$\beta_I = 5\%$	39 m	57 m
Winterhalbjahr:		
Anzahl	409	252
Höhe der Untergrenze	710 m	880 m

zogen deutlich den Stadteinfluß erkennen, indem im Mittel über der Stadt die Untergrenzen in tieferen Niveaus liegen als über dem Umland. Das Fehlen bzw. die geringe Häufigkeit von Inversionen mit Untergrenzen unterhalb 200 m in Lindenberg gegenüber Tempelhof läßt sich sicher darauf zurückführen, daß die Bodeninversionen in der Stadt durch einen teilweisen Abbau die Zahl der abgehobenen Inversionen in geringen Höhen ansteigen lassen (Abb. 32).

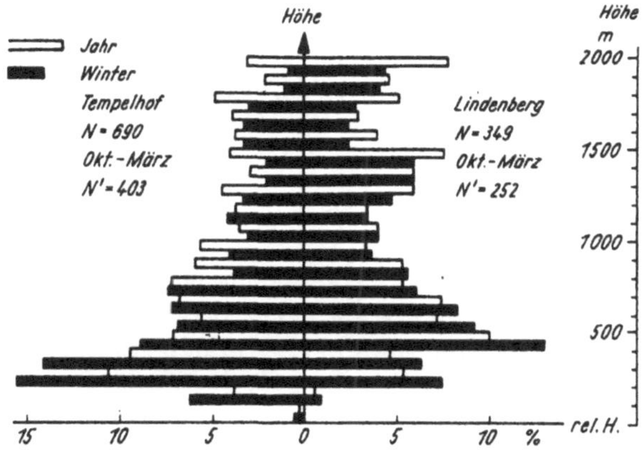

Abb. 32. Relative Häufigkeit der Höhe der Untergrenze von ersten freien Inversionen bzw. Isothermien, 12 Uhr UTC, 1974—1976

Neben den primären Inversionsparametern können die folgenden Maßzahlen, wie sie von BERNHARDT u. a. (1978) und BERNHARDT und HELBIG (1982) benutzt wurden, die Sperrschichtwirkung einer Inversion bzw. die zu ihrer Auflösung notwendigen Energie beschreiben: Unter Voraussetzung einer polytropen Temperaturverteilung zwischen Inversionsunter- und -obergrenze mit den Werten p_u, T_u bzw. p_o, T_o stellt

$$S = RT_u \int_{p_o}^{p_u} \left[\left(\frac{p}{p_u}\right)^{\gamma/\hat{\gamma}} - \left(\frac{p}{p_u}\right)^{\gamma^*/\hat{\gamma}} \right] \frac{dp}{p} \qquad (10)$$

die partikeldynamische Stabilitätsenergie dar, d. h. die mechanische Arbeit, die pro Masseneinheit für den trocken-adiabatischen und reibungsfreien Aufstieg eines Luftpartikels von der Inversionsunter- zur -obergrenze aufzuwenden ist.

Zur Auflösung einer Inversion (insbesondere einer Bodeninversion) und zur Umwandlung der Temperaturinversion in eine Schicht mit trockenadiabatischem Temperaturgradienten ist an der Inversionsuntergrenze ein Temperaturanstieg um den Betrag

$$\Delta T_A = T_o \left(\frac{p_u}{p_o}\right)^{\gamma^*/\hat{\gamma}} - T_u \approx T_o \, \frac{\gamma^* - \gamma}{\hat{\gamma}} \, \frac{p_u - p_o}{\cdot \; p_o} \qquad (11)$$

notwendig; die für diese Umwandlung der Schichtung benötigte Wärmemenge beträgt pro Flächeneinheit

$$Q \approx p_o \, \frac{T_o}{\gamma^*} \, \frac{\gamma^* - \gamma}{2\hat{\gamma}} \left(\frac{p_u - p_o}{p_o}\right)^2 . \qquad (12)$$

Die mittleren Beträge der Größen S, ΔT_A und Q für Bodeninversionen lassen in der Gegenüberstellung auch in diesen Parametern die stabilitätsvermindernde und inversionsauflösende Wirkung der urbanen Wärmeinsel erkennen (Tab. 43). Mit den mittleren Beträgen der zur Auflösung von Bodeninversionen notwendigen Wärmemenge Q in Stadt und Umland kann man den urbanen Energieüberschuß in der Stadtgrenzschicht abschätzen (s. BERNHARDT und KORTÜM 1976). Unter der Voraussetzung der Stationarität entspricht die Differenz $\bar{Q}_{\text{Umland}} - \bar{Q}_{\text{Stadt}}$ in erster Näherung dem anthropogenen Energiestrom Q_F, integriert über 24 Stunden:

$$Q_F \approx \frac{\bar{Q}_{\text{Umland}} - \bar{Q}_{\text{Stadt}}}{86\,400} = \frac{3{,}3 \cdot 10^6 - 1{,}2 \cdot 10^6}{86\,400} \, \frac{\text{J}}{\text{m}^2\text{s}} , \qquad (13)$$

$$Q_F \approx 24{,}3 \ \text{W/m}^2 .$$

Dieser Wert steht in sehr guter Übereinstimmung mit den im Abschn. 4.1.3. aufgeführten Abschätzungen.

4.3.4. Mischungsschichthöhe

Die Höhe der Mischungsschicht wird definiert als Obergrenze einer dem Boden aufliegenden Schicht mit kräftiger vertikaler Durchmischung und annähernd trokkenadiabatischem Temperaturgradienten (vgl. HOLZWORTH 1974).

Infolge des Tagesganges der Erwärmung der Erdoberfläche durch die Sonnenstrahlung besitzt auch die Höhe der Mischungsschicht einen Tagesgang. Über einem Stadtgebiet hat die verstärkte Erwärmung der Luft größere Mischungsschichthöhen als über dem Umland zur Folge. Entsprechend dem Tagesgang der Intensität der städtischen Wärmeinsel wächst der Unterschied von einem mittäglichen Minimum auf ein Maximum in den Nachtstunden.

Wegen der Verknüpfung der Mischungsschichthöhe mit dem Dilutionspotential der Atmosphäre existieren zahlreiche Vorschläge, aus Radiosondendaten unter Berücksichtigung der Temperaturdifferenz zwischen Stadt und Umland die Mischungsschichthöhen für Stadtgebiete zu prognostizieren (Zusammenstellung bei HOLZWORTH 1974).

Für das Stadtgebiet von Berlin könnte man klimatologische Angaben der Mischungsschichthöhe auf der Grundlage der in Abschn. 4.2.5. dargestellten Tagesgänge der Temperaturdifferenz ΔT (Stadt—Umland) und der Radiosondendaten von Lindenberg erhalten. Aus dem jeweiligen Aufstieg ergibt der Schnittpunkt der Trockenadiabaten, die vom Bodenwert $T_0 + \Delta T$ ausgeht, mit der Zustandskurve die Mischungsschichthöhe in der Stadt unter Vernachlässigung von Advektion und großräumiger Vertikalbewegung.

Die Mischungsschichthöhen für den Termin 12 Uhr UTC, berechnet aus den markanten Punkten des Temperaturprofils mit der Bedingung, daß $\partial T/\partial z \leqq -0{,}9$ K je 100 m sei, zeigen erwartungsgemäß zwischen Stadt und Umland nur geringe Differenzen, die im Mittel kaum die jeweiligen Vertrauensgrenzen überschreiten (Tab. 45). Das Histogramm der Mischungsschichthöhen besitzt im Winterhalbjahr oberhalb 500 m für Stadt und Umland eine ähnliche Gestalt. Im Sommerhalbjahr beginnt dieser Bereich bei etwa 1300 m (Abb. 33).

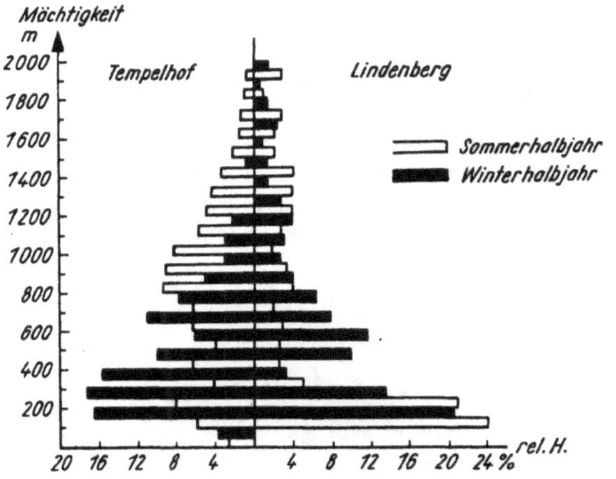

Abb. 33. Relative Häufigkeit der Mächtigkeit der Mischungsschicht ($\partial T/\partial z \leqq -0{,}9$ K/100 m) in Tempelhof und Lindenberg, 12 Uhr UTC, 1974—1976

Tabelle 45
Mischungsschichthöhen (m) für Tempelhof und Lindenberg 12 Uhr UTC, 1974—1976 (Vertrauensgrenze mit $\beta_I = 5\%$)

	Tempelhof	Lindenberg
Anzahl der Fälle	543	594
Jahr, $\bar{x}$	744 ± 39	697 ± 52
Sommerhalbjahr, $\bar{x}$	851 ± 46	737 ± 65
Median	850	400
Winterhalbjahr, $\bar{x}$	456 ± 46	583 ± 74
Median	400	550

Die Tatsache, daß in Lindenberg die empirische Verteilungsfunktionen von Sommer- und Winterhalbjahr auffallend geringe Unterschiede besitzen, läßt sich im wesentlichen mit der durch lokale Verhältnisse bedingten Erhöhung des gemessenen vertikalen Temperaturgradienten erklären. Außerdem muß die unterschiedliche Anzahl markanter Punkte pro Schicht in Tempelhof und Lindenberg berücksichtigt werden.

4.4. Vertikales Windprofil

4.4.1. Datenmaterial

Wie bereits in Abschnitt 4.3.1. beschrieben, bilden die Werte von Windgeschwindigkeit und -richtung an markanten Punkten im vertikalen Verlauf des Windvektors das Ausgangsmaterial. Maximal 15 markante Punkte, jeweils mit den Angaben Höhe (m), Windrichtung (Grad) und Windgeschwindigkeit (m/s) stehen pro Aufstieg zur Verfügung. Vor Beginn der Rechnung erfolgt eine Aussonderung jener Aufstiege, die bezüglich des Bodenwertes eine Konstanz oder Abnahme der Windgeschwindigkeit aufweisen.

Aus der Eigenart der Radiosondenmessung resultiert, daß die auf eine Höhe bezogenen Angaben von Windgeschwindigkeit und -richtung aus dem Differenzvektor zweier Ballonstandorte abgeleitet werden und somit das Mittel des horizontalen Windvektors in einer Schicht unterschiedlicher Mächtigkeit darstellen. Die Schichtdicke wird sowohl von der Ballonsteiggeschwindigkeit als auch vom zeitlichen Abstand der Peilungen bestimmt.

4.4.2. Profilparameter

Das Potenzgesetz für die Abhängigkeit der Windgeschwindigkeit von der Höhe über Grund lautet in seiner allgemeinen Form:

$$u_j = u_i(z_j/z_i)^m \,. \tag{14}$$

Im Betrag des Potenzgesetz-Exponenten m widerspiegeln sich sowohl der Einfluß der Bodenrauhigkeit als auch der Einfluß der Schichtung auf das Windprofil (vgl. Abschn. 3.3.2.). Gewöhnlich ist $z_i \geqq 10$ m (Anemometerhöhe), so daß diese Verteilung für den oberen Bereich der Bodenschicht und die EKMAN-Schicht bis zum ersten Windgeschwindigkeitsmaximum gültig ist.

Bei der Anwendung der Gl. (14) auf Meßdaten, die aus konstanten Höhen stammen, ergeben sich keine Probleme. Üblicherweise berechnet man den Exponenten m für paarweise benachbarte Meßpunkte und kann somit auch die Variation von m mit der Höhe selbst bestimmen. Anders verhält es sich bei der Verwendung von Radiosondendaten, bei denen sich die Höhenlage der markanten Punkte von Termin zu Termin ändert. Meßfehler verfälschen sowohl die Windgeschwindigkeitswerte als auch die Höhenangabe. Um den Einfluß zufälliger Fehler zu vermindern, wird der Potenzgesetz-Exponent aus mindestens drei markanten Punkten (einschließlich Bodenwert) bestimmt.

Löst man Gl (14) nach m auf, erhält man

$$m = \ln(u_i/u_j)/\ln(z_i/z_j) \,. \qquad i \neq j \,, \quad i,j = 1 \ldots n \,. \tag{15}$$

Setzt man die Höhenkonstanz von m in einer Schicht mit l markanten Punkten voraus, sind beliebige Kombinationen von $i = 1, l$ und $j = 1, l$ (außer $i = j$) möglich.

Von dem Fall, daß stets das Verhältnis der Windgeschwindigkeit in einem beliebigen Punkt zur Windgeschwindigkeit am Boden (Anemometerhöhe z_1) gebildet wird, machen wir hier Gebrauch. Zur Interpretation der sich auf verschiedene Höhenkombination beziehenden Exponenten m_k mit $k = 1, l - 1$, werden folgende Umformungen vorgenommen:

$$x(k) = \ln(z_k/z_1) \,; \qquad y(k) = \ln(u_k/u_1) \,. \tag{16}$$

Die Punkte mit den Koordinaten $(x(k), y(k))$ liegen nur dann auf einer Geraden, wenn deren Ausgangsgrößen des Potenzgesetz erfüllen und $m_k = $ const. ist. Gewöhnlich treten jedoch Abweichungen auf. Deshalb wird für die Gesamtheit der Punkte die Ausgleichsgerade

$$y = a + bx \tag{17}$$

berechnet und mit deren Hilfe der Potenzgesetz-Exponent

$$m_k = \frac{y}{x} = \frac{a + bx}{x} = \frac{a + b(\ln (z_i/z_j))}{\ln (z_i/z_j)} \qquad (18)$$

bestimmt.

Dieses Verfahren hat gegenüber einer Berechnung von m aus jeweils zwei markanten Punkten in aufeinanderfolgenden Schichten und anschließender Mittelung den Vorteil, daß die Quotienten nicht zu kleine Beträge annehmen, wie das in größeren Höhen gesetzmäßig der Fall ist. Zur Prüfung der Genauigkeit der Approximation des gemessenen Windprofils durch das Potenzgesetz wird die mittlere quadratische Abweichung der rechnerischen von den gemessenen Werten der Windgeschwindigkeiten benutzt. Dazu muß zunächst in allen $(l - 1)$ Höhen mit Hilfe des nach Gl. (18) ermittelten Exponenten m_k die rechnerische Windgeschwindigkeit $u'(z_i)$ bestimmt werden. Die mittlere quadratische Abweichung ergibt sich dann zu

$$A = \frac{1}{l} \sum_{i=1}^{l} (u'(z_i) - u(z_i))^2 . \qquad (19)$$

Folgende Profilparameter wurden für geeignete Aufstiege aus dem Zeitraum 1974—1976 an den RSA Lindenberg und Tempelhof berechnet:

- m_2 Berechnung von m aus den Windgeschwindigkeiten im ersten und zweiten markanten Punkt,
- u_2 Windgeschwindigkeit im zweiten markanten Punkt,
- h_2 Höhe des zweiten markanten Punktes über Grund,
- m_3 Berechnung von m aus den Windgeschwindigkeiten in den ersten drei markanten Punkten,
- u_3 Geschwindigkeit im dritten markanten Punkt,
- h_3 Höhe des dritten markanten Punktes über Grund,
- A_{m_3} mittlere quadratische Abweichung der mittels m_3 berechneten von den gemessenen Windgeschwindigkeiten,
- m_5 Berechnung von m aus mindestens drei markanten Punkten innerhalb der untersten 500 m über Grund.

4.4.3. Abhängigkeit des Potenzgesetzexponenten von der Stabilität und dem Bodenwindvektor

Die Mittelwerte der in Abschn. 4.4.2. beschriebenen Profilparameter jeweils für die Aufstiege in der Stadtgrenzschicht (Tempelhof) und im Umland (Lindenberg) wurden in den Tab. 44 und 45 zusammengestellt.

Die Mittelwerte der Potenzgesetz-Exponenten m_2 bzw. m_3 von Tempelhof und Lindenberg stellen in zweierlei Hinsicht unerwartete Resultate dar: erstens die größeren Beträge von m in Lindenberg und zweitens die selbst unter Berücksichtigung des stabilitätsabhängigen Tagesganges sehr kleinen Werte von m in der Stadtgrenzschicht (vgl. Abschn. 3.3.2.). Die Unterschiede der Mittelwerte für das Sommer- und Winterhalbjahr entsprechen allerdings an beiden Stationen dem jahreszeitlichen Gang der Stabilität in der Grenzschicht.

In Tempelhof befindet sich die Radiosondenaufstiegsstelle auf dem Gelände des Flughafens, so daß der Bodenwert der Windgeschwindigkeit sicher höher ist als bei einer Messung inmitten bebauter Umgebung. Das Anemometer in 10 m Höhe über Grund mißt offenbar jene Windgeschwindigkeit in einer internen Grenzschicht, die der Rauhigkeit des Flugfeldes angepaßt ist, während die Windgeschwindigkeiten in größerer Höhe dem Windprofil in der Stadtgrenzschicht entsprechen. Aus diesem Effekt resultiert zweifellos eine Verkleinerung der vertikalen Windgeschwindigkeitsscherung und damit von m.

In Lindenberg läßt sich ebenfalls eine lokale Beeinflussung des Bodenwindwertes nicht ausschließen, denn es widerspricht allen Beobachtungstatsachen, daß die Windgeschwindigkeitsmittel im Umland, gemessen in 22 m Höhe über Grund, kleiner sind als jene im Stadtgebiet von Berlin. Dieser Effekt führt also zwangsläufig zu einer Erhöhung der Beträge von m. Ebenfalls gravierend wirkt auf das Ergebnis, daß infolge der wesentlich geringeren Häufigkeit markanter Punkte im Grenzschichtbereich die Potenzgesetz-Exponenten m_2 im Mittel aus einer 1345 m und m_3 aus einer 3205 m mächtigen

Tabelle 46

Profilparameter für das vertikale Windprofil über Tempelhof, 12 Uhr UTC, 1974—1976 (Vertrauensgrenze mit $\beta_l = 5\%$)

Parameter	Jahr	Sommer April—September	Winter Oktober—März
m_2	0,145 ± 0,006	0,128 ± 0,008	0,158 ± 0,008
u_2 (m/s)	7,5 ± 0,2	6,5 ± 0,3	8,2 ± 0,4
h_2 (m)	298 ± 12	321 ± 21	280 ± 14
m_3	0,158 ± 0,006	0,138 ± 0,008	0,173 ± 0,008
u_3 (m/s)	8,9 ± 0,3	7,8 ± 0,4	9,7 ± 0,4
h_3 (m)	645 ± 28	787 ± 52	532 ± 23
A_{m_3} (m²/s²)	0,20 ± 0,07	0,17 ± 0,11	0,23 ± 0,09
u_1 (m/s)	4,8 ± 0,2	4,4 ± 0,2	5,1 ± 0,2
Anzahl	795	352	443

Tabelle 47
Mittlere Profilparameter für das vertikale Windprofil über Lindenberg, 12 Uhr UTC, 1974—1976 (Vertrauensgrenze mit $\beta_t = 5\%$)

Parameter	Jahr	Sommer April—September	Winter Oktober—März
m_2	0,243 ± 0,009	0,209 ± 0,012	0,279 ± 0,013
u_2 (m/s)	9,5 ± 0,4	8,1 ± 0,5	11,0 ± 0,7
h_2 (m)	1345 ± 103	1477 ± 145	1206 ± 147
m_3	0,258 ± 0,008	0,238 ± 0,012	0,280 ± 0,011
u_3 (m/s)	13,7 ± 0,6	12,1 ± 0,7	15,3 ± 1,0
h_3 (m)	3205 ± 189	3343 ± 270	3059 ± 266
A_{m_3} (m^2/s^2)	2,7 ± 0,6	2,7 ± 0,8	2,7 ± 0,8
$\dot{u}_1$ (m/s)	4,1 ± 0,2	3,8 ± 0,2	4,3 ± 0,3
Anzahl	633	325	308

Schicht abgeleitet wurden. Damit wird offenbar, daß die Windwerte aus den Lindenberger Radiosondendaten sich nicht zu einem Vergleich mit dem Tempelhofer Material eignen. Die Schichtdicken betragen in Tempelhof dagegen im Mittel 298 bzw. 645 m und repräsentieren so jenen Teil der Stadtgrenzschicht, in dem der dynamische Einfluß der Stadtoberfläche signifikant ist.

Inwieweit die Höhenlage des dritten markanten Punktes oder die repräsentative Schichtdicke den Betrag von m_3 beeinflußt, demonstriert Tab. 48 für die Messungen in Tempelhof. In Höhenstufen zu je 200 m wurden die m_3 nach der Höhenlage des dritten markanten Punktes im Einzelfall gruppiert und Mittelwerte gebildet. Eine Abhängigkeit von der Schichtdicke läßt sich nicht erkennen, denn zuviele Faktoren spielen eine Rolle. Der hohe Mittelwert in der ersten Zeile beweist eigentlich nur, daß bei starker Windgeschwindigkeitsscherung sich eine dichte Folge markanter Punkte zur Beschreibung des Windprofils erforderlich macht.

Zur Analyse der Abhängigkeit von m von der Stabilität und dem Bodenwindvektor, die sich wegen der oben genannten Gründe nur auf Tempelhof bezieht, werden die Exponenten m_5 verwendet, die für die untersten 500 m in der urbanen Grenzschicht gültig sind (vgl. Abschn. 4.4.2.).

Tabelle 48
Mittelwerte des Exponenten m_3 in Abhängigkeit von h_3 über Tempelhof, 12 Uhr UTC, 1974—1976

Schichtdicke	m_3	u_3 m/s	u_1 m/s	N
0— 199	0,24	6,0	3,8	10
200— 399	0,17	8,5	4,9	190
400— 599	0,16	9,1	5,0	213
600— 799	0,15	8,9	4,8	174
800— 999	0,16	9,1	4,6	113
1000—1199	0,15	8,6	4,5	53
1200—1399	0,14	9,1	4,4	21
1400—1599	0,13	7,9	3,7	11

Tabelle 49
Abhängigkeit des Exponenten m_5 von der Bodenwindrichtung in drei Stabilitätsklassen, Tempelhof 12 Uhr UTC, 1974—1976.
m_5': m_5 bei Windgeschwindigkeiten ≦5,0 m/s,
m_5'': m_5 bei Windgeschwindigkeiten >5,0 m/s

Gradient		1°—90°	91°—180°	181°—270°	271°—360°
G1	N	32	23	50	53
	m_5	0,149 ± 0,018	0,159 ± 0,038	0,128 ± 0,018	0,145 ± 0,018
	u_1	4,1	4,4	6,5	5,2
	m_5'	0,146 ± 0,020	0,181 ± 0,049	0,146 ± 0,050	0,156 ± 0,027
	m_5''	0,112 ± 0,055	0,108 ± 0,046	0,119 ± 0,014	0,130 ± 0,023
G2	N	15	26	52	10
	m_5	0,176 ± 0,043	0,190 ± 0,041	0,205 ± 0,030	0,151 ± 0,046
	u_1	3,4	3,8	4,8	3,9
G3	N	10	32	15	—
	m_5	0,190 ± 0,031	0,222 ± 0,040	0,282 ± 0,018	—
	u_1	3,3	4,1	3,5	—

Um den Einfluß der Stabilität und der Bodenrauhigkeit des Überströmweges auf den Betrag von m_5 zu trennen, wurden die Werte nach der Größe des mittleren Temperaturgradienten in der Schicht zwischen 2 und 500 m Höhe über Grund gruppiert.

Für die drei Stabilitätsklassen gelten folgende Zuordnungen:

$$G1: \quad \Delta T/\Delta z \leqq -0{,}6\ \mathrm{K}/100\ \mathrm{m}\,,$$
$$G2: \quad -0{,}6 < \Delta T/\Delta z \leqq 0{,}0\ \mathrm{K}/100\ \mathrm{m}\,,$$
$$G3: \quad 0{,}0 < \Delta T/\Delta z \leqq 10{,}0\ \mathrm{K}/100\ \mathrm{m}\,,$$

$$\frac{\Delta T}{\Delta z} = \frac{T_{500} - T_2}{4{,}98}\,.$$

Wie in Tab. 49 erkennbar, liegen bei labiler bis schwach stabiler Schichtung die höchsten Werte in den Richtungssektoren 91—180° und 1—90°. Bei Windgeschwindigkeiten von >5 m/s am Boden findet man das Maximum von m_5 im Richtungssektor 271—360°. Offenbar ist in diesem Geschwindigkeitsbereich die Rauhigkeit der Unterlage für die Größenordnung von m_5 entscheidend. Vom Standort Tempelhof aus ist das genau jener Azimutbereich mit den längsten Überströmwegen über das Kernstadtgebiet. Mit größerer Stabilität verringern sich die Windgeschwindigkeiten, und m_5 wird allgemein größer. Die Bindung an die Rauhigkeit längs des Überströmweges wird dabei lockerer.

Im übrigen läßt sich selbst an diesem geringen Werteumfang die Abhängigkeit der Stabilität von der Windrichtung erkennen. Bei Bodeninversionen liegt die Bodenwindrichtung bevorzugt im Sektor 91—180°.

Die Windgeschwindigkeitsabhängigkeit von m_5 weist in allen Stabilitätsklassen eine Verminderung des Mittelwertes des Exponenten mit wachsender Windgeschwindigkeit am Boden auf. Die Reduktionen sind allerdings verschieden und machen sich in den Klassen *G2* und *G3* am stärksten bemerkbar. Das kann damit zusammenhängen, daß bei großer Stabilität flache Bodeninversionen auftreten, über deren Obergrenzen relativ hohe Windgeschwindigkeiten herrschen, die große Beträge von m_5 zur Folge haben (Abb. 34).

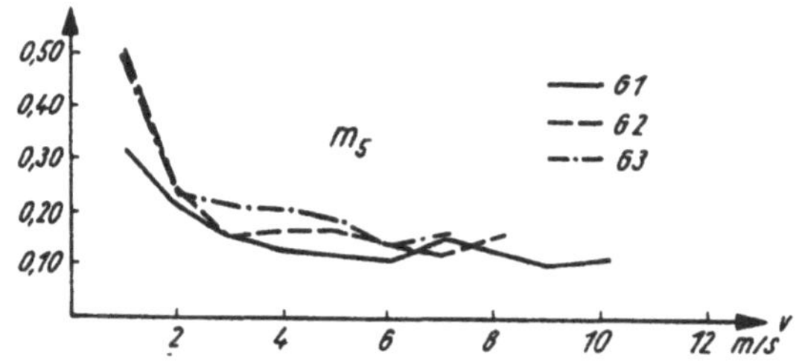

Abb. 34. Abhängigkeit des Exponenten m_5 von der Bodenwindgeschwindigkeit in verschiedenen Stabilitätsklassen. Tempelhof 12 Uhr UTC, 1974—1976

5. Modelle zur Beschreibung der Grenzschicht-Modifikation

5.1. Allgemeine Bemerkungen

Parallel zur intensiveren experimentellen Untersuchung der Stadtatmosphäre vollzog sich eine rasche Entwicklung von numerischen Modellen zur Simulation des Energieaustauschs an der Grenzfläche Stadt—Atmosphäre, der urbanen Temperaturanomalie und der atmosphärischen Prozesse im System Stadt—Atmosphäre. Diese Modelle lassen sich in zwei Hauptgruppen einordnen:

1. Energiebilanzmodelle zur Untersuchung der urbanen Wärmeinsel auf der Grundlage der Energiebilanzgleichung der Stadtoberfläche und
2. Grenzschichtmodelle zur Analyse und Prognose des Wind- und Temperaturfeldes in der Stadtgrenzschicht auf der Grundlage der hydrodynamischen Bewegungsgleichungen.

Die zahlreichen Energiebilanzmodelle gehen auf den Versuch Myrups (1969) zurück, mit Hilfe der Simulation der Energiebilanz die Ursachen der städtischen Wärmeinsel aufzudecken. Die Modelle unterscheiden sich untereinander in den Details der Berechnung des fühlbaren und latenten Wärmestroms, der Stadtalbedo und in der Berechnung der Strahlungsflüsse (Lewis und Outcalt 1976, Miller, Johnston und Lowry 1972, Outcalt 1972, Segikuti und Takano 1975, Tapper u. a. 1981). Die Bestimmung der Oberflächentemperatur beliebiger Gebäudeoberflächen mit Hilfe der Energiebilanz benutzen Terjung und O'Rourke (1980, 1981a) zur Abschätzung des fühlbaren Wärmestroms in der Stadthindernisschicht. Rauner und Černavskaja (1972) gehen nicht von der Energiebilanz der Stadtoberfläche, sondern der Stadtatmosphäre aus und finden unter Verwendung halbempirischer Beziehungen Zusammenhänge zwischen der Wärmeinsel-Intensität und dem Grünflächenanteil.

Das in Abschn. 5.3. beschriebene Energiebilanzmodell basiert auf den Arbeiten von Myrup (1969) und Outcalt (1972) und unterscheidet sich von diesen bezüglich der Albedoberechnung, der Bestimmung der Globalstrahlung und der Berechnung des latenten Wärmestroms.

Auf dem Gebiet der Grenzschichtmodelle ist die Vielfalt der Varianten noch größer. Das bezieht sich sowohl auf die Dimension und die Zeitabhängigkeit der Modelle, die Behandlung der Turbulenz, die Berechnung der Strahlungsflüsse als auch auf die Festlegung der Randbedingungen. So wird in einigen Modellen die Temperatur der Stadtoberfläche vorgegeben, in anderen aus der Energiebilanzgleichung berechnet.

Die Zielstellung bei derartigen Simulationen reicht vom Studium der Ursachen der urbanen Wärmeinsel (Belov und Ščerbakov 1983, Berljand und Zašichin 1982, Bornstein 1975, Cejtin 1975, Delage und Taylor 1970, Ganev 1981, Gutman und Torrance 1975, Ivanyi 1976, Lee und Olfe 1974, Marčuk u. a. 1979, Mcelroy 1973, Nappo 1972, Sawai 1978, Yu und Wagner 1975) über die Analyse des Einflusses der Stadt auf das Strömungsfeld (Vukovich u. a. 1976, Uliasz

1979) bis zur Untersuchung der Wirkung des Aerosols auf die Struktur der Stadtgrenzschicht (ACKERMANN 1977, ATWATER 1971 a, b und 1972, SORBJAN 1978, SORBJAN und ULIASZ 1982, WELCH, PAEGLE und ZDUNKOWSKI 1978).

Für die Zwecke der vorliegenden Arbeit wurde das eindimensionale Grenzschichtmodell von BODIN (1979) ausgewählt und zur Anwendung auf die Stadtgrenzschicht entsprechend modifiziert (s. Abschn. 5.4.).

5.2. Berechnung der Albedo einer Stadt

Die meisten Autoren verwenden in ihren Modellen konstante Werte der Albedo der Stadtoberfläche. Im Gegensatz dazu wird in den nachstehend beschriebenen Simulationen die Zeit- und Ortsabhängigkeit der Albedo berücksichtigt.

Nach den Ausführungen in Abschn. 2.2.1. läßt sich zusammenfassend feststellen, daß die Albedo einer Stadt einen sowohl von den geometrischen und optischen Eigenschaften der Stadtoberfläche als auch von der Bestrahlungscharakteristik abhängigen Tagesgang besitzt. Die Bestrahlungscharakteristik widerspiegelt das von der Sonnenhöhe abhängige Verhältnis von direkter zu diffuser Strahlung und die Variation der spektralen Zusammensetzung der einfallenden Strahlung infolge unterschiedlich langer Lichtwege durch die Atmosphäre.

Definiert man als Albedo das Verhältnis des Strahlungsflusses, der von einer gegebenen Oberfläche reflektiert wird, zum Strahlungsfluß, der auf diese Fläche fällt, kann man die integrale Albedo α schreiben als

$$\alpha = \frac{\int_0^\infty \alpha_\lambda (I_\lambda + D_\lambda)\,\mathrm{d}\lambda}{\int_0^\infty (I_\lambda + D_\lambda)\,\mathrm{d}\lambda}. \tag{20}$$

Hierbei bedeuten α_λ die spektrale Albedo und $(I_\lambda + D_\lambda)$ die Globalstrahlung bei der Wellenlänge λ.

Die Reflektivität natürlicher Oberflächen besitzt eine beträchtliche Winkelabhängigkeit, die am deutlichsten bei Wasserflächen ausgeprägt ist. Die verschiedenen Bodenarten ändern ihre Albedo im sichtbaren Teil des Spektrums in Abhängigkeit von der Sonnenhöhe so, daß sich mit wachsender Sonnenhöhe die Albedo-Werte verkleinern. Das gilt auch für die Vegetation. Allerdings ist die Änderung der Albedo mit der Sonnenhöhe abhängig vom Verhältnis der diffusen Strahlung D zur Globalstrahlung $K\downarrow$, wie Abb. 35 demonstriert. Im Fall einer Grasfläche ist beispielsweise die Albedo bei gegebener Sonnenhöhe umso kleiner, je größer der Anteil der diffusen an der Globalstrahlung ist (KONDRAT'EV 1972).

Die Berechnung der Albedo eines Stadtgebietes bereitet nun deshalb Schwierigkeiten, weil mosaikartig die verschiedenartigen Oberflächen bezüglich Struktur, Farbe und räumlicher Orientierung das Strahlungsfeld beeinflussen. In der Literatur sind daher Versuche zu einer Modellierung der Albedo eines Stadtgebietes erst in jüngster Zeit häufiger beschrieben worden. Der wahr-

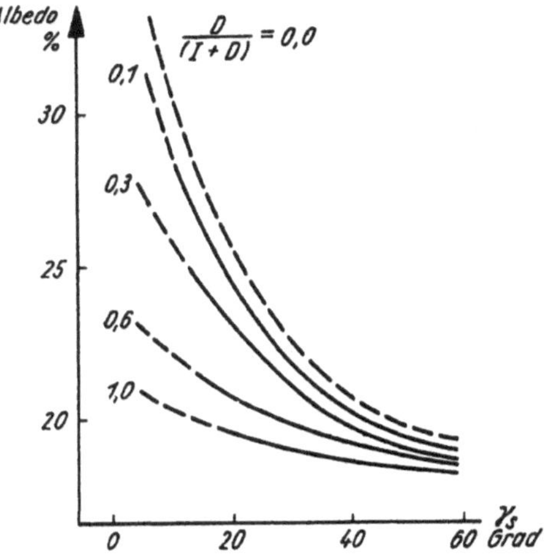

Abb. 35. Abhängigkeit der Albedo einer Grasfläche von der Sonnenhöhe γ_S und dem Verhältnis von diffuser zur Globalstrahlung (nach KONDRAT'EV 1972)

scheinlich erste derartige Versuch von KASTROV (1940) fand erst in den Rechnungen von ČERNAVSKAJA (1974) Beachtung, die eine Abschätzung der Albedo der Städte Aschchabad, Alma-Ata und Baku vornahm.

KASTROV (1940) vernachlässigte die Mehrfachreflexion an den Hauswänden und berechnete unter den Annahmen, daß die Breite und Höhe aller Häuser und die Breite aller Straßen gleich sind und nur horizontale Dachflächen existieren, die Reflexstrahlung aus den reflektierten Anteilen von Dach, Straße und Wand. Dabei findet die von Sonnenhöhe und Gebäudegröße abhängige Abschattung der Straße Berücksichtigung. Mehrere Tabellen für verschiedene Kombinationen der Gebäude- und Straßenabmessungen geben einen Einblick in die Variation der mittleren Albedo in Abhängigkeit von der Sonnenhöhe.

Das Albedomodell von CRAIG und LOWRY (1972) bestimmt dagegen die Albedo eines Straßenzuges unter Beachtung der Mehrfachreflexion und des Verhältnisses von direkter zu diffuser Sonnenstrahlung. Es diente als Grundlage für zwei daraus abgeleitete Modellvarianten, die nachstehend beschrieben werden.

Neuere Arbeiten zur Simulation von Tagesgängen der Albedo einer Stadt stammen von AIDA (1982) und AIDA und GOTOH (1982). Im Zusammenhang mit der Abschätzung der Energiebilanz und der Oberflächentemperatur verschiedener Gebäudeformen befassen sich FRANK u. a. (1981) und TERJUNG und O'ROURKE (1981 b) ebenfalls mit der Berechnung der Albedo von Stadtoberflächen.

5.2.1. Struktur der Modellvarianten I und II

Die zur Berechnung von Tagesgängen der Albedo notwendigen Daten über die Sonnenhöhe und das vom Trübungszustand der Atmosphäre abhängige Verhältnis von diffuser zu direkter Sonnenstrahlung werden in der in Abschn. 5.3.1.1. beschriebenen Weise berechnet. In der Variante I wird vereinfachend angenommen, daß die Stadt nur aus Straßenzügen besteht, die in einer

Richtung orientiert sind. Auf diese Weise läßt sich die Stadtgeometrie sehr einfach mittels folgender Größen beschreiben: H = Höhe der Gebäude, $W1$ = Breite der Gebäude und $W2$ = Breite der Straße (Abb. 36). Die Albedo-Werte der an der Mehrfachreflexion beteiligten Flächen: α_D Albedo des Daches, α_W Albedo der Wand und α_S Albedo der Straße sind frei wählbar und gelten für den sichtbaren Teil des Spektrums bei einem Einfallswinkel von 0°.

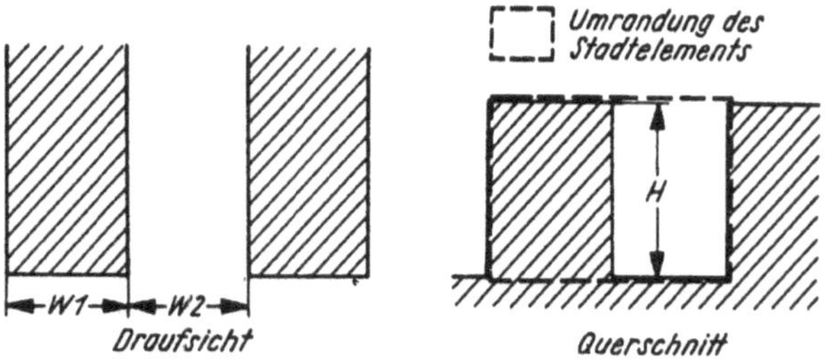

Abb. 36. Struktur des Stadtelements in Variante I

In beiden Modellvarianten erfolgt für jede Fläche die Berechnung der tatsächlichen Albedo in Abhängigkeit vom jeweiligen Einfallswinkel.

Für die Dachfläche ergibt sich die Albedo für die direkte Strahlung ABS aus α_D und der Sonnenhöhe γ_S; die Albedo für die diffuse Strahlung ABD läßt sich unter der Annahme berechnen, daß die diffuse Himmelsstrahlung isotrop über den Halbraum verteilt ist. Bei einer Aufteilung des Halbraumes in vier Quadranten, die an der Richtung des Straßenzuges orientiert sind, zeigt sich, daß sich bezüglich der diffusen Einstrahlung in den Straßenzug identische Verhältnisse ergeben. Aus diesem Grunde wird für die diffuse Strahlung ein Strahl mit konstantem Azimut von 225° und einem Höhenwinkel von 32,7° definiert.

Beide so bestimmten Albedowerte ergeben durch proportionale Addition die Albedo AB des Daches als

$$AB = \frac{ABS}{1 + D/I} + \frac{ABD}{1 + I/D} \tag{21}$$

unter der Voraussetzung, daß

$$\frac{I}{I + D} + \frac{D}{I + D} = 1 \,. \tag{22}$$

Innerhalb des Straßenzuges hängt die Gesamtalbedo AZ von der Anzahl der Reflexionen an den Wänden und der Straßenfläche ab. Jede Reflexion innerhalb des Straßenzuges, die in grober Näherung als regulär angenommen wird, ist bei α_W, $\alpha_S < 1{,}0$ mit einer Absorption von Strahlung verbunden, so daß in Abhängigkeit von der Anzahl der Reflexionen sich die effektive Albedo des Straßenzuges AZ schrittweise verringert. Sowohl für die Albedo AZS bezüglich der direkten als auch für AZD bezüglich der diffusen Strahlung gilt die Beziehung

$$\left.\begin{matrix} AZS \\ AZD \end{matrix}\right\} = \alpha_W(\beta_W)^{N_R - 1} \cdot \alpha_S(\zeta) \tag{23}$$

mit N_R Anzahl der Reflexionen im Straßenzug, β_w Einfallswinkel an der Wand und ζ Zenitdistanz der Sonne.

Analog zur Berechnung der Albedo des Daches erhält man die Albedo AZ des Straßenzuges aus

$$AZ = \frac{AZS}{1 + D/I} + \frac{ABD}{1 + I/D} \,. \tag{24}$$

Die Albedo $AMOD$ von Dach und Straßenzug insgesamt ergibt sich nun proportional zu den geometrischen Verhältnissen, beschrieben durch die Gleichung

$$\frac{W1}{W1 + W2} + \frac{W2}{W1 + W2} = 1 \,, \tag{25}$$

schließlich nach der Beziehung

$$AMOD = \frac{AB}{1 + W2/W1} + \frac{AZ}{1 + W1/W2} \,. \tag{26}$$

Die Variante II unterscheidet sich von der Variante I dadurch, daß die Albedo für ein geändertes Stadtelement berechnet wird. Dieses Stadtelement besteht aus zwei Straßenzügen, die sich unter einem Winkel von 90° kreuzen. Das macht die Angabe eines dritten Parameters, der Gebäudelänge $W3$, erforderlich. Die Berechnung der Albedo der beiden Straßenzüge erfolgt für jeden unabhängig wie in Variante I und ergibt die Werte AZN und AZE (Abb. 37).

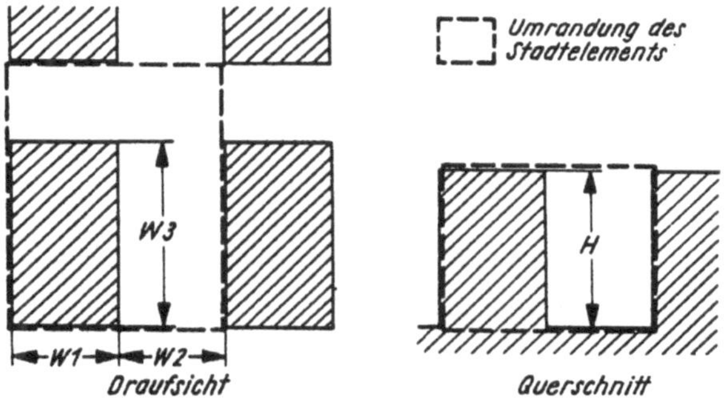

Abb. 37. Struktur des Stadtelements in Variante II

Die Albedo des Stadtelementes $AMOD$ wird nun proportional zu den Flächen von Dach und Straße aus den Albedo-Komponenten abgeleitet. Die Dachfläche FD erhält man aus

$$FD = W1 \cdot W3 \tag{27}$$

und die Straßenfläche aus

$$FS = (W1 + W2) \cdot (W2 + W3) - FD \,. \tag{28}$$

Mit der Gleichung

$$\frac{FD}{FD + FS} + \frac{FS}{FD + FS} = 1 \tag{29}$$

gelangt man zur resultierenden Albedo $AMOD$ nach Bildung des Mittelwertes AZM aus AZN und AZE mit

$$AMOD = \frac{AB}{1 + FS/FD} = \frac{AZM}{1 + FD/FS} \,. \tag{30}$$

Die in Gl. (23) benötigte Anzahl N_R der Reflexionen an den Wänden und der Straßenfläche wird für eine mittels Azimut λ_S und Sonnenhöhe γ_S vorgegebene Strahlrichtung und einen in Richtung λ' orientierten Straßenzug unter Berücksichtigung der geometrischen Verhältnisse des Stadtelements (H, $W1$, $W2$) berechnet.

Mit Hilfe der folgenden trigonometrischen Beziehungen lassen sich jeweils die Koordinaten des Durchstoßpunktes $P(X, Y, Z)$ eines Strahls durch die Wand- bzw. Straßenfläche und der Einfallswinkel β_W bestimmen (Abb. 38):

$$\begin{aligned} \delta' &= 90° - (\lambda_S - \lambda'), \quad X = W2, \\ SW &= (W2 - DX)/\cos\delta', \quad Y = (W2 - DX)\cdot\tan\delta', \\ V_S &= (SW)/\cos\gamma_S, \quad Z = H - SW\cdot\tan\gamma_S \\ \beta_W &= 90° - \arcsin((W2 - DX)/V_S). \end{aligned} \tag{31}$$

In der Simulation werden N_R und β_W als Mittelwerte aus Rechnungen mit verschiedenen DX verwendet. Je nach Lage des einfallenden Strahles in den Straßenzug ergeben sich unterschiedliche Anzahlen für die Reflexionen. Das ist vor allem dann der Fall, wenn $\tan\gamma_S > 2 \cdot H/W2$ ist. Versuche zeigten, daß es ausreichend ist, für zehn verschiedene DX die Rechnung auszuführen und die Ergebnisse zu mitteln.

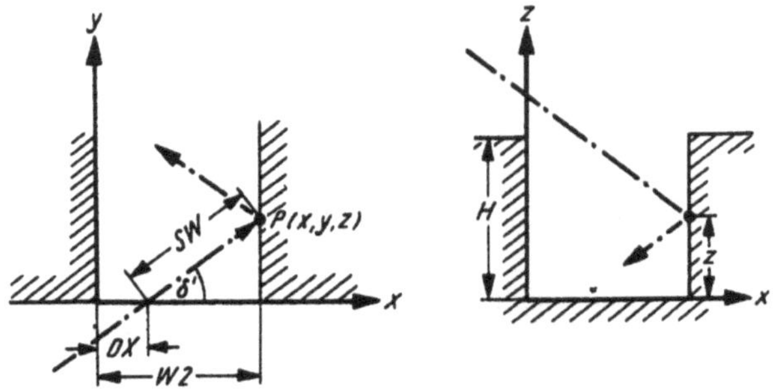

Abb. 38. Berechnung des Strahlenganges in einem Straßenzug

Die Wahl einer geeigneten Beziehung zwischen der Albedo $\alpha(\beta_W)$ bzw. $\alpha(\zeta)$ und dem Einfallswinkel der Strahlung β_W bzw. ζ (s. Gl. (23)) wird durch den Umstand erschwert, daß die an sich schon spärlichen Angaben darüber sich ausschließlich auf natürliche Boden- und Vegetationsflächen beziehen. Angaben über die Winkelabhängigkeit der Albedo von technischen Oberflächen (Beton-, Putzoberflächen, Dächer, Straßenbelag) fehlen vollständig. Eine Zusammenstellung der Albedowerte von technischen und natürlichen Oberflächen ist bereits in Tab. 1 in Abschn. 2.2.1. vorgenommen worden.

Über die Abhängigkeit der Albedo natürlicher Oberflächen von der Sonnenhöhe gibt Tab. 50 Auskunft. Craig und Lowry (1972) benutzen in ihrem Albedomodell die Daten von Geiger (1961) zur Ableitung einer Beziehung zwischen der Albedo bei senkrechtem Einfall ($\alpha(o) = 0{,}20$) und dem Zuwachs in Abhängigkeit vom Einfallswinkel β_W:

$$\alpha(\beta_W) = 0{,}20 + 0{,}131 \cdot \beta_W^4, \tag{32}$$

β_W im Bogenmaß.

Nach dieser Gleichung ergeben sich für große Einfallswinkel bzw. Zenitdistanzen der Sonne zu große Albedowerte. Deshalb wurde aus den Messungen von Nkemdirim (1972) eine neue Beziehung abgeleitet und im Modell verwendet. Die Albedo bei senkrechtem Einfall ist frei wählbar:

$$\alpha(\beta_W) = \alpha(0) + 5 \cdot 10^{-9}\beta_W^4, \tag{33}$$

β_W in Grad. Die Unterschiede im Kurvenverlauf beider Funktionen macht Abb. 39 sichtbar.

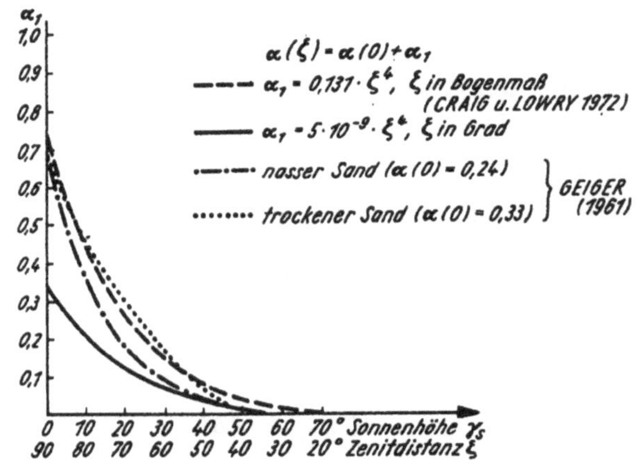

Abb. 39. Abhängigkeit der Albedo von der Sonnenhöhe bzw. Zenitdistanz

Tabelle 50

Abhängigkeit der Albedo von der Sonnenhöhe für verschiedene natürliche Oberflächen

Oberfläche	Sonnenhöhe (Grad)										Quelle
	0	10	20	30	40	50	60	70	80	90	
nasser Sand	100	60	42	33	29	25	24	—	—	—	Geiger (1961)
trockener Sand	100	80	63	50	41	36	33	33	—	—	
steiniger Boden	—	21	16	14	13	12	11	10	—	—	
trockener Boden	—	30	30	27	26	25	24	—	—	—	Kondrat'ev (1954)
halbtrockener Rasen	—	33	28	24	20	20	19	18	—	—	
kurzgeschnittener Rasen	—	—	50	38	29	23	—	—	—	—	nach Lettau und Davidson (1957)

5.2.2. Tagesgänge der Albedo eines Stadtgebietes nach beiden Varianten

Der Einfachheit halber wurde hier mit gleichen Albedowerten von 0,20 für Wand, Dach und Straße gerechnet.

Die Tagesgänge, berechnet in Variante I, zeigen sowohl am 1. Januar als auch am 1. Juli eine allgemeine Erhöhung der Albedo mit wachsendem Betrag des Quotienten aus Gebäude- und Straßenbreite $W1/W2$. Dabei nimmt die Tagesamplitude ab. Hohe Werte des Quotienten $W1/W2$ (Fall A in Abb. 40) entsprechen dabei einer sehr dichten Bebauung (Altbaugebiet, Stadtkern) und niedrige Werte (Fall C) einer aufgelockerten Bauweise, wie sie für Neubaugebiete charakteristisch ist. Im Januar nimmt bei allgemein niedrigen Sonnenhöhen die Albedo zum Sonnenhöchststand hin zu und zwar besonders ausgeprägt bei N—S-orientierten Straßenzügen und geringer bei den Orientierungen NE—SW und E—W. Im Juli gibt es dagegen morgens und abends jeweils ein Maximum, und mit wachsender Sonnenhöhe verringert sich die Albedo. Jedoch tritt um die Zeit des Sonnenhöchststandes ein weiteres Maximum auf, dessen Höhe vom Quotienten $W1/W2$ abhängt. Bei Abweichung der Orientierung aus der N—S-Richtung wird der Tagesgang unsymmetrisch und geht bei einem in E—W-Richtung verlaufenden Straßenzug wieder in einen symmetrischen Tagesgang über, bei dem das mittägliche sekundäre Maximum fehlt.

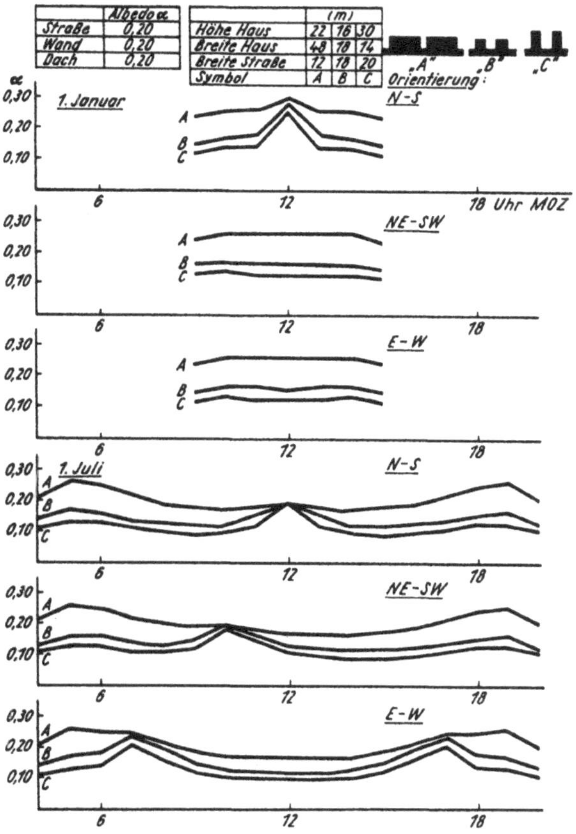

Abb. 40. Tagesgang der Albedo eines Stadtgebietes nach Variante I bei verschiedener Orientierung des Straßenzuges (geographische Breite 52,5° N)

In den Tagesgängen der Albedo, die mit Variante II berechnet werden, zeigt sich zunächst ein ähnliches Verhalten gegenüber dem Quotienten $W1/W2$ wie bei der Variante I, jedoch liegen hier die Albedowerte im Mittel niedriger (Abb. 41). Am 1. Januar erreicht die Albedo des Stadtgebietes mittags ihr Maximum von 0,25 gegenüber 0,19 morgens und abends (Fall A). Am 1. Juli treten symmetrisch um 5 Uhr und um 19 Uhr die Maxima von 0,21 auf. Die Minima vor und nach dem sekundären Maximum von 0,17 um 12 Uhr MOZ liegen bei 0,14 (Fall A).

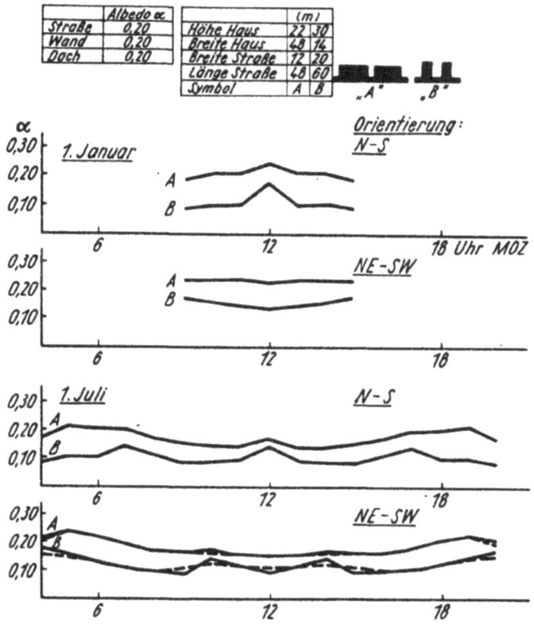

Abb. 41. Tagesgang der Albedo eines Stadtgebietes nach Variante II bei verschiedener Orientierung des Straßenzuges (geographische Breite 52,5° N)
(gestrichelt: $\alpha_S = 0{,}15$, $\alpha_W = 0{,}30$, $\alpha_D = 0{,}20$)

Vergleicht man diese berechneten Tagesgänge mit den Beobachtungen (Abschn. 2.2.1.), so zeigt sich qualitativ eine gute Übereinstimmung. Deutlich wird der Effekt einer Mehrfachreflexion innerhalb der Straßenzüge sichtbar, der zu einer Reduktion der Gesamtalbedo mit wachsenden Sonnenhöhen führt. Lediglich um die Zeit des wahren Mittags und N—S/E—W-orientierten Straßen tritt eine kurzzeitige Erhöhung der Albedo auf, die von der sonnenhöhenabhängigen Albedo der Straßenoberfläche und der Abnahme der Zahl der Mehrfachreflexion zu diesem Zeitpunkt herrühren.

Da die Übereinstimmung zwischen Rechnung und Beobachtung in Variante II besser ist als in Variante I, wird in den folgenden Berechnungen ausschließlich erstere verwendet.

Neben der Verwendung dieses Albedomodells im Energiebilanzmodell kann der Frage nachgegangen werden, wie sich die Albedo eines Stadtgebietes in Abhängigkeit von der geographischen Breite unter sonst gleichen Bedingungen verändert. Die Rechnungen sind jeweils für Werte des komplexen Transmissionskoeffizienten von $TK = 0{,}40$ und $TK = 0{,}80$ durchgeführt worden (Abb. 42). Im Sommer, am 21. Juni, sind die Tagesgänge

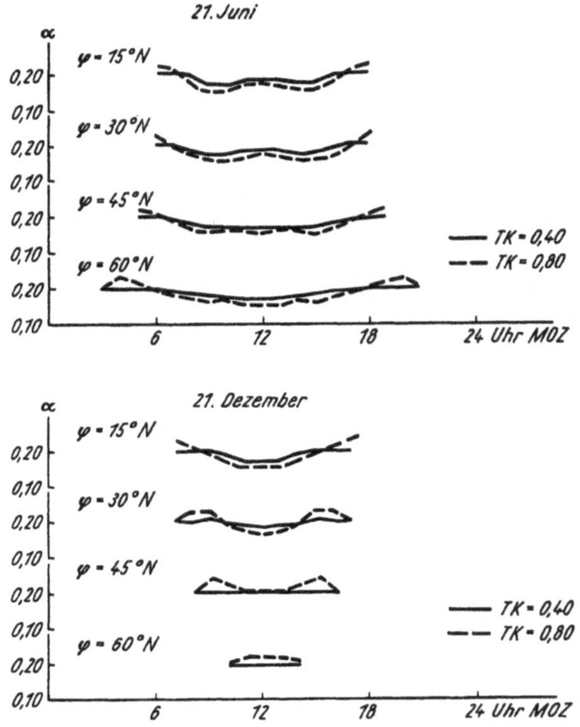

Abb. 42. Tagesgang der Albedo eines Stadtgebietes am 21. Juni und 21. Dezember auf verschiedenen geographischen Breiten und mit verschiedenen komplexen Transmissionskoeffizienten TK (α_D = 0,15, α_W = 0,30, α_S = 0,20, H = 22, $W1$ = 48, $W2$ = 12, $W3$ = 48)

der Albedo durch hohe Werte zur Zeit des Sonnenaufganges bzw. Sonnenunterganges gekennzeichnet. Auf den Breiten 15° N und 30° N tritt mittags ein flaches sekundäres Maximum auf. Mit größeren komplexen Transmissionskoeffizienten vergrößert sich die Amplitude des Tagesganges. Dieser Effekt ist auch im Winter, am 21. Dezember, auf allen Breiten feststellbar. Mit zunehmender Breite wächst der Tagesabschnitt, wo die Albedowerte bei größeren Transmissionskoeffizienten diejenigen bei größerer Trübung übertreffen. Im Sommer liegen die Albedowerte für größere Trübungen fast immer oberhalb jener für geringere Trübungen. Das ist letztlich eine Folge der Sonnenhöhe und der durchstrahlten Luftmasse, die das Verhältnis von diffuser zu direkter Strahlung bestimmen. Die verschiedenen Formen der Tagesgänge und die Größenordnung der Albedo hängen also bei sonst gleichen Bedingungen bezüglich der Stadtstruktur von der geographischen Breite ab und bewirken so unterschiedliche kurzwellige Strahlungsbilanzen, die ihrerseits stadtklimatische Effekte zur Folge haben könnten.

5.3. Energiebilanzmodell

5.3.1. Struktur des Modells

Als Ausgangsgleichung dient die Energiebilanzgleichung für eine Stadtoberfläche:

$$(I + D)(1 - \alpha) + L\downarrow - L\uparrow + Q_H + Q_E + Q_G + Q_F + Q_M = 0\,. \qquad (34)$$

Energieströme, die zur Oberfläche hin gerichtet sind, erhalten ein positives Vorzeichen. Bis auf die anthropogene Energieerzeugung Q_F, welche nur im Stadtgebiet zu berücksichtigen ist, gilt diese Gleichung auch für das Umland.

Da verschiedene Komponenten, wie $L\uparrow$, Q_E, Q_H und Q_G, Funktionen auch der Temperatur der Stadtoberfläche T_0 sind, kann diese als Lösung der Gl. (34) berechnet werden.

Dazu ist es notwendig, die Komponenten der Energiebilanzgleichung entweder exakt zu bestimmen oder zu parametrisieren. Die Größenordnung der metabolischen Wärmeproduktion Q_M ist, bezogen auf das Areal einer Stadt, vergleichsweise gering und kann vernachlässigt werden. Weitere Voraussetzung zur Lösung von Gl. 34 ist die horizontale Homogenität des unendlich ausgedehnten Untergrundes. Die Schicht unterhalb der Oberfläche bis zu einer bestimmten Tiefe z_G repräsentiert dabei die gesamte Gebäudemasse und gleicht in ihren physikalischen Eigenschaften den mittleren Parametern der Bausubstanz. Der Aufbau der atmosphärischen Grenzschicht ist barotrop.

Als Randbedingung wird im Boden und in der Atmosphäre eine Bezugstiefe z_G bzw. -höhe z_2 vorgegeben, in der die tagesperiodischen Schwankungen der Bodentemperatur bzw. der Lufttemperatur, der Windgeschwindigkeit und der spezifischen Feuchte als vernachlässigbar klein angenommen werden können (Abb. 43). Ferner wird stets wolkenloser Himmel vorausgesetzt.

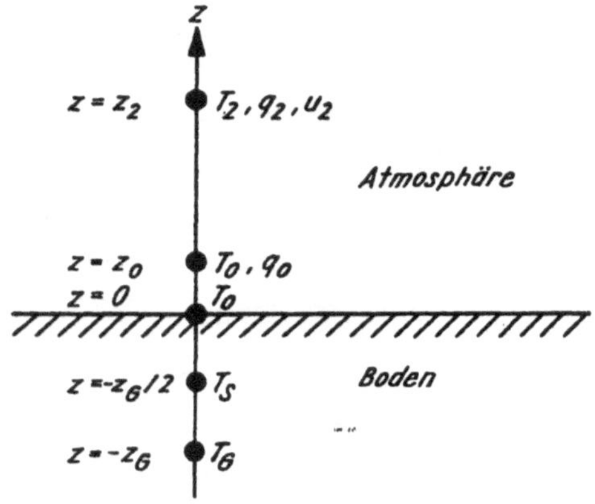

Abb. 43. Vertikalstruktur des Energiebilanzmodells

5.3.1.1. Berechnung der Strahlungsflüsse

Die Berechnung der kurzwelligen Strahlungsbilanz setzt sowohl bei der Bestimmung der diffusen und direkten Sonnenstrahlung als auch bei der Abschätzung der Stadtalbedo im Tagesgang die Kenntnis der Sonnenhöhe voraus.

Für die Simulation werden Sonnenhöhe und -azimut für Orte auf beliebigen geographischen Breiten und für einen wählbaren Tag im Jahr in variablen Zeitintervallen von Δt = 15 min oder 60 min berechnet. Da der Einfluß der astronomischen Refraktion nicht berücksichtigt wird, liegt der maximale Fehler zwischen berechneter und beobachteter Sonnenhöhe in der Größenordnung von 40 Bogenminuten. Die Sonne geht in der realen

Atmosphäre früher auf und später unter, als es sich aus der Rechnung ergibt.

Die Sonnenhöhe γ_S ergibt sich aus

$$\sin \gamma_S = \sin \varphi \sin \delta + \cos \varphi \cos \delta \cos t_S \quad (35)$$

und das Azimut λ_S aus

$$\sin \lambda_S = \frac{\cos \delta \sin t_S}{\cos \gamma_S} \quad (36)$$

mit φ geographischer Breite (nördlich positiv, südlich negativ), δ Deklination, und t_S Stundenwinkel (15° ≙ 1 h, gezählt vom Meridian des Beobachtungsortes über W von 0° bis 360°).

Die Deklination wird approximativ nach der von Paltridge und Platt (1976) angegebenen Reihenentwicklung bestimmt als

$$\begin{aligned}\delta = {} & 0{,}006918 - 0{,}399912 \cos \nu + 0{,}070257 \sin \nu \\ & - 0{,}006758 \cos 2\nu + 0{,}000907 \sin 2\nu \\ & - 0{,}002697 \cos 3\nu + 0{,}00148 \sin 3\nu\,. \end{aligned} \quad (37)$$

Dabei berechnet man ν aus der laufenden Nr. NT des Tages im Jahr nach

$$\nu = 2\pi NT/365\,. \quad (38)$$

Zur Berechnung der Globalstrahlung oder ihrer Komponenten existiert eine Vielzahl von Methoden, die sich in der Mehrzahl auf zeitliche Integrationsintervalle von Tagen bis Monaten beziehen. Zusammenstellungen darüber sind bei Albrecht (1955), Foitzik und Hinzpeter (1958), Sellers (1965), Kondrat'ev (1965) und Paltridge und Platt (1976) zu finden.

Im vorliegenden Fall soll jedoch der solare Strahlungsfluß an der Erdoberfläche für Zeitintervalle von 15 bis 60 min bestimmt werden. In einer speziellen Untersuchung prüfte Richter (1980) eine Reihe von Methoden darauf, wie groß die Abweichungen zu den Meßwerten sind und welche Sensibilität das jeweilige Verfahren gegenüber Änderungen der Eingangsparameter besitzt.

Tabelle 51

Ausgewählte Methoden zur Berechnung kurzwelliger Strahlungskomponenten. β_S = Verhältnis von Streustrahlung, die die Erdoberfläche erreicht, zur gesamten Streustrahlung

Autor	Eingangsparameter	Berechnete Größen
Bernhardt und Philipps 1958	γ_S, TG, $\beta_S = 0{,}36$	I, D
Wörner 1972	γ_S, TG	$K\downarrow$
Schmetz und Raschke 1978	γ_S, Sichtweite, $\beta_S = f(\gamma_S)$	I, D
Terjung u. a. 1971	γ_S, TK, $\beta_S = 0{,}25$ und $\beta_S = 0{,}50$	I, D
Avaste u. a. 1969	γ_S, α, vertikales Feuchteprofil	$K\downarrow$
Šifrin und Avaste 1960 Dmitrieva-Arrago und Samoilova 1970	γ_S, Absorptionskoeffizient für O_3 und O_2, Form der Streuindikatrix für Aerosol, vertikales Feuchteprofil	I, D

Als Vergleichswerte dienten Meßwerte der Globalstrahlung in 15minütigem Abstand an vier wolkenlosen Tagen jeweils am Meteorologischen Hauptobservatorium Potsdam des Meteorologischen Dienstes der DDR und am Stadtobservatorium der Karl-Marx-Universität Leipzig. Für jeden Datensatz und jedes Verfahren wurde durch Variation des Trübungsparameters und Berechnung der mittleren quadratischen Abweichung zu den Meßwerten ein „optimaler" Wert des Trübungsparameters gefunden, bei dem die Abweichung das Minimum erreicht. Weiterhin wurde geprüft, wie sich die mittlere quadratische Abweichung bei einer Variation des „optimalen" Trübungsparameters um ±10% ändert. Beide Ergebnisse ermöglichen nun eine Beurteilung der einzelnen Verfahren.

In Tabelle 51 sind die ausgewählten Berechnungsverfahren, ihre Eingangsparameter und die mit ihnen bestimmbaren Strahlungskomponenten zusammengestellt.

Die mittleren Gesamt-Trübungsfaktoren TG nach Linke in den acht Datensätzen liegen im Bereich von 2,96 bis 5,72, wobei im Mittel die Trübung in Leipzig größer als in Potsdam ist (Tab. 52).

Tabelle 52

Mittlere Gesamt-Trübungsfaktoren TG nach Linke in Leipzig und Potsdam

Datum	Leipzig Stadtobservatorium	Potsdam Meteorologisches Hauptobservatorium
25. 9. 1977	5,12	2.96
12. 10. 1978	4,58	4,97
16. 5. 1979	5,72	5,07
31. 5. 1979	5,04	4,98
Mittel	5,12	4,50

Die Ergebnisse des Vergleichs (Tab. 53) von drei Verfahren, die sich hinsichtlich ihrer Eingangsparameter und ihres Rechenaufwandes besonders gut für die Verwendung in einem Energiebilanzmodell eignen, zeigen, daß bei Kenntnis des Gesamt-Trübungsfaktors TG die Berechnung nach Bernhardt und Philipps dem Verfahren nach Wörner vorzuziehen ist. Das gilt vor allem bei Trübungsfaktoren, die den Wert 5 überschreiten. Für Berechnungen mit dem komplexen Transmissionskoeffizienten TK als Eingangsparameter empfiehlt sich das Verfahren von Terjung mit $\beta_S = 0{,}25$.

Zur Berechnung der Albedo eines Stadtgebietes muß das Verhältnis von direkter zu diffuser Strahlung zu denselben Zeitpunkten wie die Sonnenhöhe bekannt sein (vgl. Abschn. 5.2.1.). In einer früheren Variante des Energiebilanzmodells (Helbig 1978) wurde das Verfahren von List (1958), das identisch mit der Methode von Terjung bei $\beta_S = 0{,}5$ ist, benutzt und soll nun ebenso wie die Methode von Bernhardt und Philipps näher erläutert werden.

In dem Berechnungsverfahren von List (1958) werden von dem extraterrestrischen solaren Strahlungsfluß 9% für die Wasserdampf- und Ozonabsorption abgezogen. Bei einer Vorwärtsstreuung von 50% sind 50%

Tabelle 53
Ergebnis des Vergleichs von Berechnungsverfahren für die kurzwellige Strahlung (nach Richter 1980)

Parameter	Bernhardt und Philipps	Wörner	Terjung	
			$\beta_S = 0{,}5$	$\beta_S = 0{,}25$
$\overline{TG}$, gemessen	4,8	4,8	—	—
$\overline{TG}$, berechnet	4,4	5,3	—	—
$\overline{TK}$, berechnet	—	—	0,55	0,78
mittlere quadratische Abweichung σ	436	1036	597	458
$\Delta\sigma$ bei $\pm 10\%$ $\overline{TG}$	225	232	528	2130
relativer Fehler der Tagessumme der Globalstrahlung, %	−0,3	5,3	2,3	−0,6

der gestreuten Strahlung aufwärts und 50% abwärts zur Erdoberfläche gerichtet. Da sich die Strahlungsflüsse auf eine horizontale Fläche beziehen sollen, wird der solare Strahlungsfluß K_{Ex} an der Obergrenze der Atmosphäre auf jene umgerechnet:

$$I_{Ex} = K_{Ex} \sin \gamma_S , \tag{39}$$

γ_S — Sonnenhöhe.

Als Mittelwert für die Solarkonstante S_o werden 1370 W/m² in Übereinstimmung mit den neuesten Angaben von Kondrat'ev (1980) angesetzt. Die jahreszeitliche Variation des solaren Strahlungsflusses infolge des wechselnden Abstandes Erde—Sonne findet durch die Beziehung

$$K_{Ex} = S_o + r_E \cdot S_x \tag{40}$$

ihre Berücksichtigung. Für den Faktor r_E wird auf der Grundlage der Daten in *Taschenbuch* (1970, Tab. 70) die Beziehung

$$r_E = 0{,}0336 \sin \left(\frac{360° \cdot NT}{365} + 90° \right) \tag{41}$$

verwendet, in der NT die laufende Nr. des Tages im Jahr darstellt.

Für den diffusen Strahlungsfluß an der Erdoberfläche erhält man

$$0{,}91 \cdot I_{Ex} - I = 2 \cdot D \tag{42}$$

und für das gesuchte Verhältnis

$$\frac{D}{I} = \frac{0{,}5 \cdot 0{,}91 \cdot I_{Ex} - 0{,}5 \cdot I}{I} . \tag{43}$$

Der direkte Strahlungsfluß läßt sich nach Durchgang durch eine reine Rayleigh-Atmosphäre für die Erdoberfläche aus folgender Beziehung bestimmen:

$$I = I_{Ex} \cdot TK^{\sec(\zeta)} , \tag{44}$$

TK — komplexer Transmissionskoeffizient,
ζ — Zenitdistanz der Sonne.
Nach Einsetzen von Gl (44) in Gl. (43) erhält man endgültig

$$\frac{D}{I} = (0{,}46 \cdot TK^{\sec(\zeta)}) - 0{,}5 . \tag{45}$$

Da die durchstrahlte relative Luftmasse $LM = \sec \zeta$ bei sehr großen Zenitwinkeln ($\zeta > 89°$) durch die Funktion $\sec \zeta$ fehlerhaft beschrieben wird, erfolgt ihre Berechnung nach einem Ansatz von Kasten (1966), der für diese Winkel realistische Werte von LM liefert:

$$LM(\gamma_S) = 1./(\sin \gamma_S + 0{,}15(\gamma_S + 3{,}885)^{-1{,}253}) . \tag{46}$$

Mit dem Verfahren von Bernhardt und Philipps (1958) errechnet man die Strahlungsflußdichte der direkten solaren Strahlung als Funktion der Sonnenhöhe und des Gesamttrübungsfaktors TG nach

$$I = K_{Ex} \sin \gamma_S \left(\frac{0{,}907}{\cos \zeta^{0{,}018}} \right)^{LM(\gamma_S) \cdot TG} .$$

Die diffuse Strahlung an der Erdoberfläche

$$D = \beta_S (I_{Ex} - I) \tag{48}$$

hängt von dem Faktor β_S ab, der sich nach Auswertung von Strahlungsmessungen zu $\beta_s = 0{,}36$ ergibt.

Beide Verfahren setzen in den angegebenen Gleichungen wolkenlosen Himmel voraus. In den Simulationen gelangt das zuletzt beschriebene Verfahren zur Anwendung.

Abschließend soll die Darstellung des Tagesganges des relativen Fehlers (%) der nach Bernhardt und Philipps berechneten Globalstrahlung in 15-min-Intervallen für Potsdam am 25. 9. 1977 die Genauigkeit des Verfahrens demonstrieren (Abb. 44). Die strichpunktierten Linien grenzen die Bereiche mit Sonnenhöhen ≦10° ab, wo die relativen Fehler gegenüber dem Bereich mit größerer Sonnenhöhe sehr stark anwachsen.

In Verbindung mit der in Abschn. 5.2.1. berechneten Stadtalbedo ergibt sich die kurzwellige Strahlungsbilanz zu

$$K^* = (I + D) \cdot (1 - \alpha) . \tag{49}$$

Die langwellige Strahlungsbilanz läßt sich nach Möller (1954) mittels der Beziehung

$$L^* = L\downarrow - L\uparrow = -(115{,}0 - 3{,}24\tau_o - 0{,}0185\tau_o^2 + 3{,}0T_o) \cdot 0{,}6978 \text{ W/m}^2 , \tag{50}$$

τ_o in °C, T_o in °C,
abschätzen. Diese empirische Formel ist genügend genau. Zur exakten Berechnung insbesondere der atmosphärischen Temperaturstrahlung wäre ein numerischer Auf-

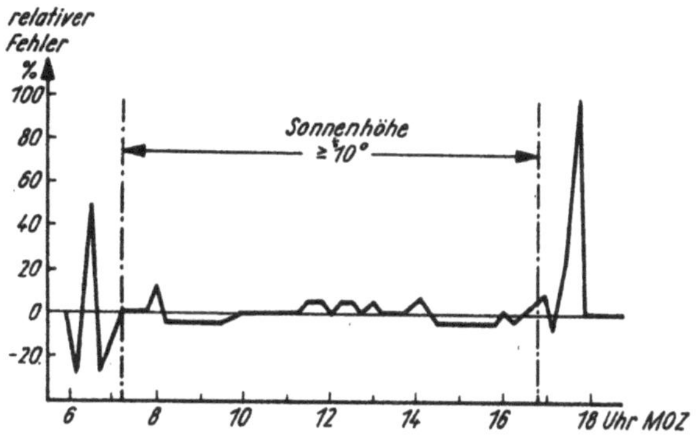

Abb. 44. Tagesgang des relativen Fehlers der nach BERNHARDT und PHILIPPS (1958) berechneten Globalstrahlung für Potsdam am 25. 9. 1977 (nach RICHTER 1980)

wand notwendig, der für dieses Energiebilanzmodell nicht gerechtfertigt erscheint.

Ausgangspunkt für die Berechnung des Taupunktes ist die MAGNUSsche Formel

$$E = 6{,}107 \cdot 10^{\frac{a \cdot T}{b+T}}; \tag{51}$$

E Dampfdruck in hPa,
T Temperatur in °C; falls
$T > 0$ °C: $a = 7{,}5$; $b = 235{,}0$;
$T \leqq 0$ °C: $a = 9{,}5$; $b = 265{,}5$,
in Verbindung mit den Beziehungen

$$q = 0{,}622 \frac{E_\tau}{p_o - 0{,}378 E_\tau}, \tag{52}$$

E_τ, p_o in hPa
q in kg/kg
und

$$E_\tau = \frac{p_0}{\frac{0{,}622}{q} + 0{,}378}. \tag{53}$$

Für eine vorgegebene spezifische Feuchte q und Lufttemperatur T_o ergibt sich durch Einsetzen von Gl. (52) und (53) in Gl (51) die gesuchte Taupunktstemperatur τ_o:

$$\tau_0 = \frac{1}{b} \left(\frac{a}{\log_{10} \left(\frac{E_\tau}{6.107} \right) - 1} \right) \tag{54}$$

zur Verwendung in Gl. (50).

5.3.1.2. Turbulente Wärmeströme

Die Gleichungen für den fühlbaren Wärmestrom Q_H und den latenten Wärmestrom Q_E lauten:

$$Q_H = \varrho c_p k_H \frac{\partial \Theta}{\partial z} \tag{55}$$

und

$$Q_E = \varrho r_w k_E \frac{\partial q}{\partial z}. \tag{56}$$

Annahmen über die Turbulenzkoeffizienten k_H und k_E, die üblicherweise gleich k gesetzt werden, können nur über wesentliche Vereinfachungen getroffen werden.

So gelten für neutrale und annähernd neutrale Schichtung in der Atmosphäre für die Windgeschwindigkeit, Lufttemperatur und spezifische Feuchte in den untersten Dekametern der Grenzschicht (Bodenschicht) logarithmische Vertikalprofile. Mit dem Mischungswegansatz

$$l = \varkappa \cdot z \tag{57}$$

und

$$\sqrt{\frac{|\tau_{zx}|}{\varrho}} = l \cdot \frac{\mathrm{d}\bar{u}}{\mathrm{d}z} = u_* \tag{58}$$

erhält man unter Voraussetzung der annähernden Höhenunabhängigkeit der Schubspannungsgeschwindigkeit u_* nach Integration aus Gl. (57) und Gl. (58) das logarithmische Windprofil (vgl. MATVEEV 1965)

$$u(z) = \frac{u_*}{\varkappa} \ln \frac{z}{z_o}. \tag{59}$$

Mit dem turbulenten Diffusionskoeffizienten

$$k = \varkappa \cdot z \cdot u_* \tag{60}$$

und der oben genannten Vereinfachung, daß

$$k = k_H = k_E \tag{61}$$

sei, kann man nunmehr für Q_H folgenden Ausdruck in Differenzenform für die Luftschicht zwischen z_0 bis z_2 schreiben:

$$Q_H = \frac{\varrho c_p \varkappa^2 u_2}{(\ln z_2/z_0)^2} (\Theta_2 - \Theta_0). \tag{62}$$

Aus der Gleichung für die potentielle Temperatur

$$\Theta = T \left(\frac{p_0}{p} \right)^{c_p/c_v} \tag{62}$$

ergibt sich die potentielle Temperatur im Niveau p_0 zu $\Theta_0 = T_0$. Somit läßt sich Gl. (55) umformen in

$$Q_H = \frac{\varrho c_p \varkappa^2 u_2}{(\ln z_2/z_0)^2} (T_2 + \gamma \cdot z_2 - T_0). \tag{64}$$

Für den latenten Wärmestrom erhält man aus Gl. (56)

$$Q_E = \frac{\varrho r_w \varkappa^2 u_2}{(\ln z_2/z_0)^2} (q_2 - q_0). \tag{65}$$

Der Index 2 steht dabei für die Höhe z_2, in der vereinbarungsgemäß der tagesperiodische Gang der Größen T_2, u_2 und q_2 als vernachlässigbar klein angesehen werden kann. In Übereinstimmung mit ähnlichen Modellen ist $z_2 = 300$ m. Diese Höhe widerspricht der Forderung nach Gültigkeit eines logarithmischen Temperatur- und Windprofils; abgesehen von den Abweichungen des aktuellen vertikalen Temperaturverlaufs von der neutralen Schichtung in der Stadt-Grenzschicht. Damit wird die eingeschränkte Gültigkeit dieses Energiebilanzmodells offenbar.

Die Abhängigkeit der Luftdichte ϱ und der Verdampfungswärme r_w von der Lufttemperatur beschreiben folgende Gleichungen

$$\varrho = (348{,}38 \cdot p_0/(T_0 + 273{,}15)) \cdot 10^{-3}\ \mathrm{kg/m^3} \qquad (66)$$

und

$$r_w = (598{,}0 - 0{,}65 \cdot T_0) \cdot 4168 \qquad \mathrm{J/kg},\ T_0 \text{ in } {}^\circ\mathrm{C}\,. \qquad (67)$$

Die Bestimmung der in Gl. (65) auftretenden spezifischen Feuchte q_0 an der Stadtoberfläche erfordert besondere Aufmerksamkeit, denn letzten Endes muß die Evapotranspiration einer Stadtfläche oder aber auch einer Vegetationsdecke im Umland berücksichtigt werden.

Die maximale spezifische Feuchte als Funktion der Oberflächentemperatur T_0 ergibt sich aus

$$q_0^* = 0{,}622 \cdot E(T_0)/(p_0 - 0{,}378 \cdot E(T_0)) \quad \mathrm{kg/kg}\,. \qquad (68)$$

Der mit diesem Wert bzw. mit der Differenz $(q_2 - q_0^*)$ berechnete latente Wärmestrom entspricht aber nicht den aktuellen Verhältnissen, sondern beschreibt die potentielle Verdunstung einer feuchten Fläche.

Ein von HALSTEAD u. a. (1957) gegebener Ansatz, daß das Verhältnis der aktuellen Evaporation RET zur potentiellen Evaporation PET gleich einer Funktion des Bodenwassergehaltes ist, wird benutzt, um den Einfluß sowohl trockener Stadtoberflächen als auch von Wasserflächen und Parks auf den integralen Wert der Evaporation eines Stadtgebietes zu beschreiben. Diese Funktion, als „HALSTEAD-Parameter" M bezeichnet, kann für kürzere Zeiträume ohne Niederschlag als konstant angenommen werden.

Das Verhältnis RET/PET läßt sich im Modell durch die Differenzen der spezifischen Feuchte ausdrücken:

$$\frac{\mathrm{RET}}{\mathrm{PET}} = \frac{q_2 - q_0}{q_2 - q_0^*} = M\,. \qquad (69)$$

Daraus erhält man das gesuchte q_0 zu

$$q_0 = q_2 - M \cdot (q_2 - q_0^*)\,. \qquad (70)$$

Die Größenordnung von M bewegt sich dabei zwischen den Grenzen von $M = 1$ für nasse Flächen und $M = 0$ für trockenen Untergrund. Wegen seiner Eignung für Modellrechnungen wurde dieser Ansatz häufig verwendet (vgl. ATWATER 1972, BODIN 1979, MILLER u. a. 1972, OUTCALT 1972).

Falls der latente Wärmestrom ein positives Vorzeichen zu einem beliebigen Zeitpunkt annimmt, wird er gleich Null gesetzt. Kondensationsvorgänge finden nur implizit Berücksichtigung, denn in diesem Fall nimmt M den Wert 1,0 an (vgl. auch CARLSON und BOLAND 1978). Der Betrag der Rauhigkeitshöhe z_0 ergibt sich aus den in Abschn. 4.1.2. vorgenommenen Abschätzungen.

5.3.1.3. Wärmeleitungsstrom

Der Wärmeleitungsstrom im Boden Q_H bildet über die Wärmeleitungsgleichung das Verbindungsglied zwischen den Lösungen der einzelnen Zeitschritte.

Unter der Voraussetzung einer homogenen Bodenschicht mit nur vertikalem Temperaturgradienten gilt für den Wärmeleitungsstrom die Beziehung

$$Q_G = \lambda_G \frac{\partial T_S}{\partial z} \qquad (71)$$

oder nach Übergang in die Differenzenform

$$Q_G = \frac{\lambda_G}{z_G/2}\,(T_S(i) - T_0(i))\,, \qquad i \text{ Zeitschritt}\,. \qquad (72)$$

Die Tiefe, in der die Amplitude der täglichen Temperaturschwankung vernachlässigbar klein wird, ist z_G.

Die Lösung der Wärmeleitungsgleichung als parabolischer partieller Differentialgleichung erfordert die Wahl eines geeigneten numerischen Verfahrens. Im Fall der Gleichung

$$\frac{\partial T_S}{\partial t} = \frac{\lambda_G}{\varrho_G c_G}\frac{\partial^2 T_S}{\partial z^2} \qquad (73)$$

kann bei geeigneter Kombination der Beträge von ∂t und ∂z die explizite Methode angewendet werden (SMITH 1971). Die Bodentemperatur T_S in der Tiefe $z_G/2$ läßt sich damit für den Zeitpunkt i aus den Bodentemperaturen zum Zeitpunkt $i - 1$ wie folgt berechnet:

$$T_S(i) = T_S(i-1) + \frac{\lambda_G}{\varrho_G c_G} \times \frac{(T_G - 2 \cdot T_S(i-1) + T_0(i-1))}{(z_G/2)^2} \cdot DT\,. \qquad (74)$$

5.3.2. Numerische Lösung der Energiebilanzgleichung

Wegen der Nichtlinearität der Energiebilanzgleichung bezüglich der Temperatur T_0 macht sich eine iterative Lösung erforderlich. Für jeden Zeitschritt wird die Näherungslösung, bestehend aus einer Kombination des Sekantenverfahrens und quadratischer Interpolation mit einer anschließenden NEWTON-Korrektur (ZURMÜHL 1963), so lange wiederholt, bis der Betrag der Bilanz $\leqq \varepsilon$ ist ($\varepsilon = 0{,}5\ \mathrm{W/m^2}$). Wegen der raschen Konvergenz dieser Methode wird in den meisten Fällen bereits mit der ersten Näherung die Lösung gefunden; in wenigen Fällen sind bis zu drei Schritte erforderlich.

Die numerische Behandlung des Energiebilanz-Modells liefert nun für wählbare Zeitintervalle im Verlauf eines Tages von 0 bis 24 Uhr MOZ diejenige Temperatur T_0, für die die Summe aller Größen der Energiebilanzgleichung annähernd Null ist. Nach Eingabe der Anfangs- und Randwerte dient ein 24stündiger Zyklus zur Anpassung aller Parameter, und erst der zweite Zyklus liefert den gewünschten Tagesgang der Temperatur T_0, der durch die Ausgabe aller Komponenten der Energiebilanz für jeden Zeitschritt ergänzt wird.

Das Modell läßt sich gleichermaßen unter Vorgabe der entsprechenden Anfangs- und Randwerte auf das Umland anwenden, und man erhält damit auch die Temperaturdifferenzen zwischen Stadt und Umland.

Folgende Eingangsparameter müssen für jede Simulation bereitgestellt werden:

- Datum, geographische Breite, Zeitintervall zwischen den Rechenschritten, Anzahl der aufeinanderfolgenden Tagesgänge (üblicherweise = 2),
- Höhe, Breite und Länge der Gebäude, Straßenbreite, Albedo von Dach, Wand und Straße bzw. des Umlandes,
- Gesamt-Trübungsfaktor *TG*,
- z_2, z_0 und z_G,
- Lufttemperatur, Windgeschwindigkeit und spezifische Feuchte in z_2,
- Temperatur in z_0, $-z_G$ und $-z_{G/2}$; λ_G, ϱ_G, c_G,
- Anteil *M* verdunstender Flächen an der Gesamtfläche der Stadt (HALSTEAD-Parameter),
- anthropogene Energieflußdichte Q_F.

5.3.3. Simulation der Temperaturdifferenz zwischen Stadt und Umland

Mit dem Energiebilanzmodell soll der Versuch unternommen werden, den Einfluß des Betrages ausgewählter Parameter der Stadtstruktur und der Stadtatmosphäre auf die Intensität der urbanen Wärmeinsel im Sommer und Winter qualitativ zu erfassen. Das geschieht mit Hilfe einer separaten Variation der relevanten Eingangsparameter, mit der die Abhängigkeit der Amplitude des Tagesganges der Stadttemperatur T_0 und der Temperaturdifferenz ΔT_0 zwischen Stadt und Umland analysiert werden kann.

Unter Berücksichtigung der Ausführungen zum urbanen Temperaturfeld (Abschn. 3.2. und 4.2.) und der Struktur des Modells fiel die Wahl auf folgende Eingangsparameter: Anteil *M* verdunstender Flächen an der Gesamtfläche der Stadt, Wärmeleitfähigkeit λ_G, Gesamt-Trübungsfaktor *TG*, anthropogener Energiefluß Q_F und Rauhigkeitshöhe z_0. Alle für die Rechnung notwendigen Werte sind in Tab. 54 zusammengestellt worden und entstammen verschiedenen Quellen. Die Ergebnisse der Simulation mit diesen Daten dienen in allen nachstehenden Ausführungen als Vergleichswerte.

Die charakteristischen Größen der Stadtstruktur (Gebäude- und Straßenabmessungen, Albedo) gelten für Altbauten im Kernstadtbereich und sind den für Berlin typischen Daten angepaßt (vgl. Abschn. 4.1.2.).

Die Anfangswerte in der Höhe z_2 und die Bodentemperaturverteilung für die Rechnung „21. Juni" stammen aus den gemittelten Beobachtungen während einer Hochdruckwetterlage vom 26. 6.—30. 6. 1976 mit Bedeckungsgraden ≤ 1 Achtel. Für die Rechnung „21. Dezember" stellen die Anfangswerte die Mittelwerte von drei wolkenlosen Wintertagen (30. 12. 1976, 4. 12. 1978 und 5. 12. 1978) dar. Als Datenquellen dienten der Monatliche Witterungsbericht des Meteorologischen Dienstes der DDR und die „Berliner Wetterkarte" des Instituts für Meteorologie der FU (Westberlin).

Die insgesamt 12 Variationen, ausgehend von den Werten in Tab. 54, jeweils im Juni und im Dezember, sollen nun anhand der Abb. 45 für die Temperaturdifferenz Stadt—Umland ΔT_0 und anhand der Abb. 46

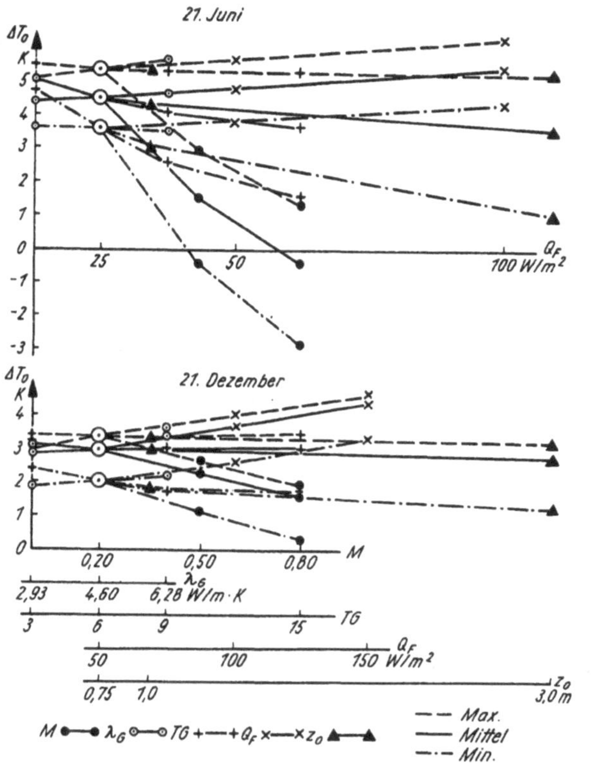

Abb. 45. Wirkung der Änderung des Anteils *M* verdunstender Flächen an der Gesamtfläche, der Wärmeleitfähigkeit des Stadtkörpers λ_G, des Gesamt-Trübungsfaktors *TG*, der anthropogenen Energieflußdichte Q_F und der Rauhigkeitshöhe z_0 auf die Temperaturdifferenz ΔT_0 Stadt — Umland am 21. Juni und 21. Dezwmber

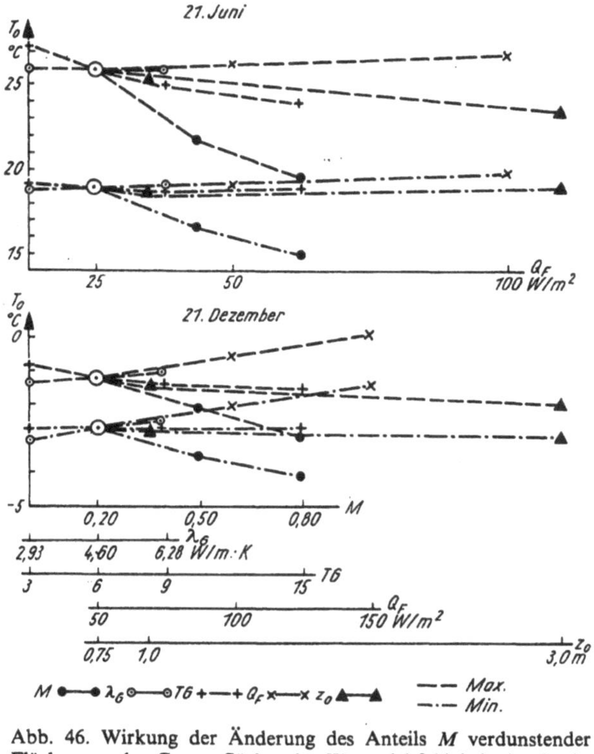

Abb. 46. Wirkung der Änderung des Anteils *M* verdunstender Flächen an der Gesamtfläche, der Wärmeleitfähigkeit des Stadtkörpers λ_G, des Gesamt-Trübungsfaktors *TG*, der anthropogenen Energieflußdichte Q_F und der Rauhigkeitshöhe z_0 auf die Maximal- und Minimaltemperatur in der Stadt am 21. Juni und 21. Dezember

für die Stadttemperaturwerte T_0 diskutiert werden. Dargestellt sind in Abb. 45 jeweils der Mittelwert und die Extremwerte des Tagesganges von ΔT_0 für jede Simulation und in Abb. 46 entsprechend das Maximum und Minimum von T_0. In der Reihenfolge der Simulationen ergeben sich folgende Resultate:

a) Anteil M der verdunstenden Fläche an der Gesamtfläche:
Dieser Parameter hat in allen Fällen die Reduktion sowohl des Temperaturunterschiedes als auch der Stadttemperatur-Extrema zur Folge, und zwar im Sommer stärker als im Winter. Bei der Erhöhung von M von 0,20 auf 0,80, was einem wachsenden Grünflächenanteil gleichzusetzen wäre, nimmt im Juni das Tagesmittel der Temperaturdifferenz von 4,5 K auf —0,5 K ab. Dabei vergrößert sich die Spanne zwischen den Extremwerten dieser Größe. Am 21. Dezember nimmt das Tagesmittel der Differenzen in geringerem Maße unter annähernd gleichbleibender Amplitude des Tagesganges ab. Auch die Stadttemperatur nimmt im Juni stärker als im Dezember ab unter gleichzeitiger Verringerung der Amplitude des Tagesganges. Im Juni bewirkt die Erhöhung von M eine stärkere Verringerung des Temperaturmaximums als des Temperaturminimums.

b) Wärmeleitfähigkeit des Stadtkörpers λ_G:
Die Erhöhung der Wärmeleitfähigkeit von 2,93 auf 6,28 W/m · K bewirkt sowohl im Juni als auch im Dezember einen schwachen Anstieg der Temperaturdifferenz und der Stadttemperatur-Extrema. Die maximalen Temperaturdifferenzen nehmen dabei stärker zu als die Minima.

c) Gesamt-Trübungsfaktor TG:
Die Erhöhung von TG von 3,0 auf 15,0 entspricht um 12 Uhr MOZ einer Verringerung der Globalstrahlung von 940 W/m^2 auf 555 W/m^2 im Juni und von 213 W/m^2 auf 125 W/m^2 im Dezember. Die Stadttemperatur verringert im Dezember bei gleichbleibendem Minimum ihr Maximum nur schwach. Im Juni nimmt im Vergleich dazu der Maximalwert stärker ab. Die Änderung verläuft dabei nicht linear, sondern ist bei geringeren Beträgen von TG größer.

Die Temperaturdifferenz ändert dagegen ihren Minimalwert stärker bei nur schwacher Abnahme des Maximums. Somit vergrößert sich die Amplitude des Tagesganges des Temperaturunterschiedes Stadt — Umland mit größer werdender Trübung, besonders im Juni.

d) Anthropogene Energieflußdichte Q_F:
Die Zunahme der anthropogenen Energieflußdichte von 25 auf 100 W/m^2 am 21. Juni bewirkt einen nahezu linearen Anstieg des Minimums und des Maximums der Stadttemperatur um den gleichen Betrag. Bei der Temperaturdifferenz übertrifft der lineare Anstieg des Maximums den des Minimums.

Am 21. Dezember wurde die anthropogene Energieflußdichte von 50 auf 150 W/m^2 erhöht. Dadurch steigen die Extrema der Stadttemperatur gleichartig an und stärker als im Juni. Auch die Temperaturdifferenzen

Tabelle 54
Anfangswerte für die Simulation

Parameter	Stadt		Umland	
	Winter	Sommer	Winter	Sommer
Datum	21. 12.	21. 6.	21. 12.	21. 6.
geographische Breite	52,5°	52,5°	52,5°	52,5°
Zeitintervall	60 min	60 min	60 min	60 min
Anzahl der Tageslänge	2	2	2	2
Gebäude:				
Höhe/Breite/Länge (m)	22/48/48	22/48/48	—	—
Albedo von Dach/Wand	0,20/0,30	0,20/0,30	—	—
Straße:				
Breite (m)	12	12	—	—
Albedo	0,15	0,15	—	—
Orientierung	N/E	N/E	—	—
Albedo Umland	—	—	0,25	0,25
Gesamt-Trübungsfaktor	6,00	6,00	1,63	1,63
z_2/z_G (m)	300/0,50	300/0,50	300/0,50	300/0,50
z_0 (m)	0,75	0,75	0,10	0,10
T_2 (°C)	—5,2	19,8	—5,2	19,8
u_2 (m/s)	1,0	1,0	1,0	1,0
q_2 (10^{-3} kg/kg)	1,4	6,5	1,4	6,5
T_0 (°C)	—6,5	19,3	—6,5	19,3
T_S (°C)	1,5	19,4	1,5	19,4
T_G (°C)	4,0	24,4	4,0	24,4
λ_G (W/m · K)	4,61	4,61	1,05	1,05
ϱ_G (kg/m^3)	$2{,}5 \cdot 10^3$	$2{,}5 \cdot 10^3$	$2{,}4 \cdot 10^3$	$2{,}4 \cdot 10^3$
c_G (J/kg · K)	921,1	921,1	879,2	879,2
M	0,20	0,20	0,90	0,90
Q_F (W/m^2)	50	25	0	0

erhöhen sich stärker als im Juni, wobei die Minimalwerte einen größeren Betrag des Anstiegs verzeichnen als die Maximalwerte.

e) Rauhigkeitshöhe z_0:
Bei einer Vergrößerung der Rauhigkeitshöhe erfolgen die Änderungen in der Temperaturdifferenz und der Stadttemperatur nicht einheitlich. Zwar ist in allen Fällen eine Abnahme der beiden Größen gemeinsam, jedoch nimmt bei der Stadttemperatur die Amplitude des Tagesgangs ab, indem sich die Temperaturmaxima verringern. Die Amplitude im Tagesgang der Temperaturdifferenz vergrößert sich dagegen, wobei die Änderung im Juni diejenige im Dezember übertrifft. Außerdem verringern sich die Beträge der minimalen Differenzen stärker als die Beträge der maximalen, besondern im Juni.

Die Änderung dieser fünf Eingangsparameter im Sinne einer intensiveren Urbanisierung — Verkleinerung des Grünflächenanteils, Ansammlung von Baustoffen mit höherer Wärmeleitfähigkeit, höhere Trübung der Stadtatmosphäre durch Luftbeimengungen, Verstärkung der anthropogenen Energieflußdichte und dichtere Bebauung mit größerer Gebäudehöhe — zieht nicht in jedem Fall eine Verstärkung der Wärmeinsel nach sich. Das gilt nur für die Parameter M, Q_F und λ_G. Gemessen an der Realität der Beträge der simulierten Parameter tritt die überragende Wirkung des Anteils verdunstender Flächen an der Gesamtfläche der Stadt auf die Intensität der Wärmeinsel deutlich hervor.

Ergänzend zu den eben beschriebenen Rechnungen wurde die Reaktion von ΔT_0 auf extreme Werte des HALSTEAD-Parameters allein und in Verbindung mit $Q_F = 0$ geprüft und im Dezember auch noch im Umland eine Schneedecke mit einer Albedo von $\alpha = 0{,}80$ angenommen. Die Zahlenwerte für ΔT_0, in Tab. 55 zusammengefaßt, zeigen im Vergleich mit den Bezugswerten entsprechend Tab. 54 die gleiche Tendenz ihrer Veränderung wie in Abb. 45. Bemerkenswert ist im Juni der starke Anstieg der mittleren Temperaturdifferenz von 4,5 K auf 8,2 K im Falle einer „Betonstadt" ($M = 0{,}01$). Im Dezember ist dieser Effekt wesentlich schwächer ausgeprägt. Die verstärkende Wirkung einer Schneedecke im Umland auf die Temperaturdifferenz ΔT_0 läßt sich auch in der Simulation nachweisen (Tab. 55).

Die zur numerischen Realisierung des Energiebilanzmodells getroffenen Vereinfachungen und Annahmen

Tabelle 55
Mittelwert und Extrema der Temperaturdifferenz ΔT_0 Stadt–Umland für Eingangsparameter entsprechend Tab. 54 und Variation einzelner Größen in Stadt und Umland

Datum	21. 6.			21. 12.		
	$\bar{x}$	x_{max}	x_{min}	$\bar{x}$	x_{max}	x_{min}
Werte wie Tab. 54	4,5	5,4	3,6	3,0	3,3	2,0
$M = 0{,}01$	8,2	9,0	7,6	3,7	3,9	2,7
$Q_F = 0$	4,2	5,1	3,3	2,4	2,7	1,3
$M = 0{,}9$; $Q_F = 0$	−1,0	0,8	−3,6	0,9	1,2	−0,4
$\alpha_{Umland} = 0{,}80$	—	—	—	3,4	3,8	3,3

lassen einen Vergleich der Tagesgänge berechneter und beobachteter ΔT_0 kaum zu. Immerhin zeigt sich jedoch qualitativ eine befriedigende Übereinstimmung. In Abb. 47 sind sowohl für den Vergleichsfall als auch für $M = 0{,}50$ die Tagesgänge in beiden Jahreszeiten dargestellt. Die Erhöhung des Anteils M verdunstender Flächen von 0,20 auf 0,50 zieht, wie schon oben festgestellt, im Juni eine stärkere Verringerung von ΔT_0 als im Dezember nach sich.

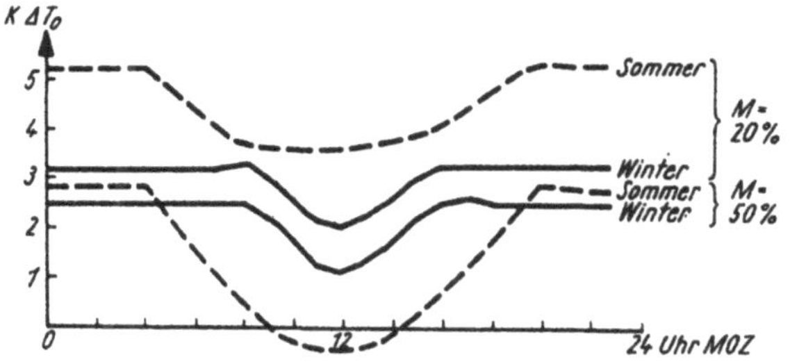

Abb. 47. Tagesgang der Temperaturdifferenz ΔT_0 jeweils am 21. Juni und 21. Dezember für $M = 0{,}20$ und $M = 0{,}50$

In allen Simulationen wurde die anthropogene Energieflußdichte als zeitlich konstant angenommen, da über Tagesgänge von Q_F kaum Angaben existieren. Lediglich über einzelne Komponenten von Q_F sind Daten veröffentlicht worden (vgl. Abschn. 2.2.2.). Übernimmt man daraus den charakteristischen Tagesverlauf der Energieanwendung und -freisetzung mit den Maxima morgens und abends (s. untere Kurve in Abb. 48), kann die Wirkung eines zeitabhängigen Q_F auf ΔT_0 dargestellt werden. In der Gegenüberstellung der Tagesgänge für $Q_F = 150$ W/m² und $Q_F = f(t)$ zeigt sich eine Erhöhung von ΔT_0 in den Morgen- und Abendstunden um einige Zehntel Kelvin. Solange also genauere Angaben über Q_F fehlen, ist die Annahme zeitlich konstanter Werte sicherlich gerechtfertigt (Abb. 48).

Die Durchführung von Simulationen mit Werten der Stadtstruktur, die denen von Neubauten entsprechen, erbrachte erwartungsgemäß keine grundlegend andere Aussage bezüglich der Wirkung ausgewählter Parameter auf die Wärmeinsel.

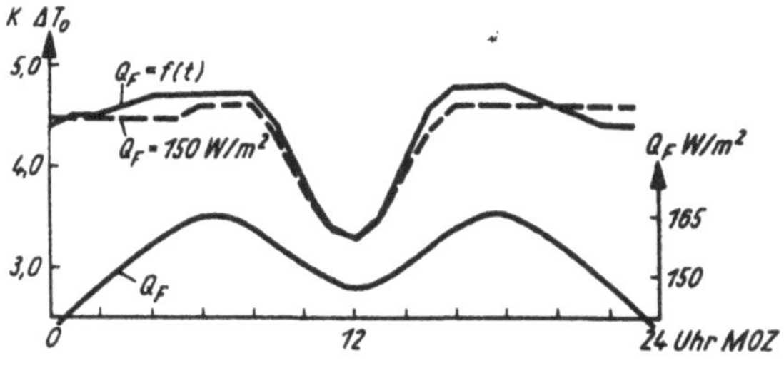

Abb. 48. Tagesgang der Temperaturdifferenz zwischen Stadt und Umland am 21. Dezember für konstante und tageszeitabhängige anthropogene Energieflußdichte Q_F

Die Anwendung des Energiebilanzmodells auf ein Neubaugebiet erfolgt über das Einsetzen entsprechender Gebäude- und Straßenabmessungen, Albedowerte und Rauhigkeitsparameter. Im wesentlichen ändert sich die Strahlungsbilanz in Abhängigkeit von der berechneten

Stadtalbedo. Die Tendenz solch einer Änderung beim Übergang von der Altbau- zur Neubaustruktur erkennt man in Abb. 41. Infolge eines erhöhten Anteils an Mehrfachreflexionen verringert sich zunächst die Stadtalbedo. Dieser Rückgang wird jedoch wenigstens teilweise durch die höhere Albedo der Wand- und Straßenflächen im Neubaugebiet ausgeglichen.

In den Simulationen, analog zu den oben beschriebenen, zeigten sich daher nur geringfügige Abweichungen in den Absolutwerten der Stadttemperatur T_0 bzw. der Temperaturdifferenz ΔT_0 Stadt—Umland, jedoch kaum in den Änderungen dieser Größen bei der Variation der betreffenden Eingangsparameter. Aus diesem Grund wurde auf die Darstellung dieser Ergebnisse verzichtet.

5.4. Eindimensionales instationäres Grenzschichtmodell

Das vorliegende Modell stellt im wesentlichen eine Variante des instationären Grenzschichtmodells von Bodin dar, das als Version für die Kurzfristvorhersage des Grenzschichtzustandes über Flugplätzen in Bodin (1979) beschrieben und an Daten aus dem Wangara-Experiment und an einem Datensatz aus Hyrylä (Finnland) getestet wurde. Das Hauptproblem bei der numerischen Simulation von Grenzschichtprozessen besteht in der Modellierung bzw. Parametrisierung des turbulenten Austauschs. In seinem Modellkonzept löst Bodin dieses Problem durch die Verwendung der Turbulenzenergie-Gleichung zur Schließung des Gleichungssystems.

Einzelheiten bezüglich der Bereitstellung der Anfangswerte und des numerischen Ablaufs wurden außer der oben zitierten Arbeit den Programmunterlagen des Modells BOLM1D (Melgarejo 1982) und weiteren Publikationen beider Autoren entnommen (vgl. Bodin 1978, Ericson und Bodin 1978, Melgarejo 1980, Melgarejo und Bodin 1978).

Die Abweichungen gegenüber dem ursprünglichen Modell betreffen den Ansatz der Bewegungsgleichungen, die Berechnung der Strahlungsflüsse in der Grenzschicht, die Ermittlung der Oberflächentemperatur als Lösung der Energiebilanzgleichung und die zusätzliche Berechnung des Tagesganges der Albedo der Stadtoberfläche. Ferner wird mit einer wolken- und aerosolfreien Atmosphäre gerechnet. Diese Vereinfachung läßt sich damit rechtfertigen, daß zunächst mit dem vorliegenden Grenzschichtmodell einerseits jene meteorologischen Situationen untersucht werden sollen, in denen sich der urbane Einfluß auf die Grenzschicht am deutlichsten ausprägt, und andererseits eine Aerosolschicht die gesuchten Wechselwirkungen zwischen Stadt und atmosphärischer Grenzschicht noch verwickelter gestaltet.

5.4.1. Struktur des Modells

Die ausführliche Beschreibung des Ausgangsmodells findet man bei Bodin (1979). Deshalb werden hier nur die wesentlichen Eigenschaften skizziert.

5.4.1.1. Gleichungssystem

In einem rechtwinkligen Koordinatensystem mit der x-Achse in Ost- und der y-Achse in Nordrichtung gelten im Fall einer horizontal homogenen barotropen Grenzschicht über einer Unterlage mit geringer Variation ihrer Eigenschaften (z_0, physikalische Parameter), unter Ausschluß von Kondensationsprozessen und bei Anwendung der Boussinesq-Approximation folgende Gleichungen:

$$\frac{\partial u}{\partial t} = f(v - v_g) + \frac{\partial}{\partial z}\left(k \cdot \frac{\partial u}{\partial z}\right), \tag{75}$$

$$\frac{\partial v}{\partial t} = -f(u + u_g) + \frac{\partial}{\partial z}\left(k \cdot \frac{\partial v}{\partial z}\right), \tag{76}$$

$$\frac{\partial \Theta}{\partial t} + w \cdot \frac{\partial \Theta}{\partial z} = \frac{\partial}{\partial z}\left(k_H \cdot \left(\frac{\partial \Theta}{\partial z} - \gamma_g\right)\right) - \frac{1}{\varrho c_p}\,\frac{\partial Q^*}{\partial z}, \tag{77}$$

$$\frac{\partial q}{\partial t} + w\,\frac{\partial q}{\partial z} = \frac{\partial}{\partial z}\left(k_H\,\frac{\partial q}{\partial z}\right), \tag{78}$$

$$\partial p = -g\varrho\,\partial z\,, \tag{79}$$

$$\alpha_T = k/k_H = 1{,}35\,. \tag{80}$$

Der in Gl. (77) vorhandene Korrektur-Term γ_g (counter gradient) ermöglicht die Berücksichtigung des Priestley-Swinbank-Effektes, der darin besteht, daß im oberen Teil einer durch eine Inversion abgeschlossenen, konvektiven Grenzschicht die potentielle Temperatur mit der Höhe schwach zunimmt und trotzdem ein aufwärtsgerichteter Wärmestrom „gegen den Gradienten" festgestellt werden kann. Die Größenordnung von γ_g liegt zwischen 0,1—0,3 K/km. In einer stabil oder neutral geschichteten Grenzschicht nimmt γ_g den Wert Null an.

Der Wärmetransport in den Untergrund, für den homogene thermische Eigenschaften angenommen werden, läßt sich durch die Beziehung

$$\frac{\partial T_G}{\partial t} = k_G\,\frac{\partial^2 T_G}{\partial z^2} \quad \text{mit} \quad k_G = \frac{\lambda_G}{\varrho_G \cdot c_G} \tag{81}$$

beschreiben. Diese Prognosegleichung für die Bodentemperatur wird zur Berechnung der Energiebilanz der Grenzfläche zwischen Atmosphäre und Unterlage benötigt.

5.4.1.2. Lösung des Gleichungssystems

Zur Schließung des Gleichungssystems müssen der Turbulenzkoeffizient und seine Höhenabhängigkeit bekannt sein. Entsprechend der Kolmogorov-Gleichung

$$k = (0{,}2 \cdot b)^{1/2} \cdot l_s \tag{82}$$

kann der Turbulenzkoeffizient k aus der Turbulenzenergie pro Masseneinheit b und dem stabilitätsabhängigen Mischungsweg l_s bestimmt werden. Damit wird anstelle eines expliziten Ausdrucks für $k(z)$ eine zusätzliche Gleichung für die zeitliche Änderung der Turbulenzenergie notwendig:

$$\frac{\partial b}{\partial t} = k \left(S^2 + \alpha_T \frac{g}{\Theta} \left(\frac{\partial \Theta}{\partial z} - \gamma_g \right) \right) + 1{,}2 \frac{\partial}{\partial z} \left(k \frac{\partial b}{\partial z} \right) - \frac{(0{,}2 \cdot b)^{3/2}}{l_s} \quad (83)$$

mit

$$S^2 = \left(\frac{\partial u}{\partial z} \right)^2 + \left(\frac{\partial v}{\partial z} \right)^2 . \quad (84)$$

Entscheidend bei diesem Verfahren ist die Wahl eines adäquaten Ansatzes für den Mischungsweg l_S. In Abhängigkeit von der thermischen Schichtung der Grenzschicht kommen folgende Beziehungen zur Anwendung:

a) stabile Schichtung, $\partial\Theta/\partial z > 0$

$$\frac{1}{l_s} = \frac{1}{\varkappa(z + z_0)} + \frac{1}{0{,}2 \cdot h}; \qquad h = 0{,}1 \cdot \frac{u_*}{|f|}; \quad (85)$$

b) labile Schichtung, $\partial\Theta/\partial z < 0$

$$\frac{1}{l_s} = \frac{1}{l_N} - \frac{1 + 1{,}32 \cdot (z + z_0)/h}{h \cdot (0{,}001 + \varkappa(z + z_0))} \cdot \frac{1}{1 - 50 \cdot (L_0/h)} \quad (86)$$

mit l_N — Mischungsweg für neutrale Schichtung (siehe Gl. 110),
h — Höhe der Mischungsschicht, abgeleitet aus dem Vertikalprofil der potentiellen Temperatur,
L_0 — MONIN-OBUCHOV-Länge in Bodennähe.

Der Anfangswert von k läßt sich aus dem stationären Fall von Gl. (83) unter Vernachlässigung des Diffusionsterms über

$$k = l_s^2 \cdot S \cdot (1 - \alpha_T Ri)^{1/2} \quad \text{mit} \quad Ri = \frac{g}{\bar{T}} \frac{\partial\Theta/\partial z}{S^2} \quad (87)$$

berechnen. Nach Umstellung von Gl. (82) erhält man nun auch den Anfangswert der Turbulenzenergie b.

Zur numerischen Behandlung des Modells werden folgende weitere Vereinbarungen getroffen:

- Die großräumige Vertikalgeschwindigkeit nimmt von Null am Boden auf den Wert w an der Obergrenze des Modells linear zu.
- Der Luftdruck in jedem Gitterpunkt wird, ausgehend vom Druck p_{ZH} an der Obergrenze des Modells, unter Verwendung der prognostizierten Temperaturverteilung mittels der hydrostatischen Grundgleichung berechnet.
- Die Randwerte an der Obergrenze des Modells hängen nicht von der Zeit ab.
- Die Bestimmung der Oberflächentemperatur T_0 erfolgt für jeden Zeitpunkt aus der iterativen Lösung der Energiebilanzgleichung der Stadtoberfläche in gleicher Weise, wie das in Abschn. 5.3.2. beschrieben wurde. Außerdem ist auch eine Vorgabe von T_0 möglich.
- Die Werte der spezifischen Feuchte an der Oberfläche q_0 ergeben sich analog zu Gl. (70) als Funktion der Oberflächentemperatur, des HALSTEAD-Parameters und der spezifischen Feuchte im ersten Gitterpunkt in der Grenzschicht.

Als Randbedingungen gelten in der atmosphärischen Grenzschicht folgende Beziehungen:

$z = 0$: $u = 0$, $v = 0$, $\partial b/\partial z = 0$,
$T = T_0$ (Energiebilanz),
$q = q_0\,(q_1, T_0, M)$;
$z = ZH$: (Obergrenze des Modells):
$u = u_g = \text{const.}$, $v = v_g = \text{const.}$, $\partial b/\partial z = 0$.
$T = \text{const.}$, $q = \text{const.}$

Im Boden lauten die Randbedingungen:

$z = 0$: $T_G = T_0$
$z = -ZG$: $T_G = \text{const.}$

Formal haben alle Grundgleichungen die Gestalt einer parabolischen Differentialgleichung

$$\frac{\partial Q}{\partial t} = \frac{\partial}{\partial z} \left(K \frac{\partial Q}{\partial z} \right) + G .$$

Eine allgemeine Näherung mittels endlicher Differenzen läßt sich durch das verallgemeinerte CRANK-NICOLSON-Schema

$$\frac{Q^{t+1} - Q^t}{\Delta t} = \mu \left[\frac{\partial}{\partial z} \left(K \frac{\partial Q}{\partial z} \right) \right]^{t+1} + (\mu - 1) \left[\frac{\partial}{\partial z} \left(K \frac{\partial Q}{\partial z} \right) \right]^t + G^t \quad (89)$$

angeben.

Für den Gewichtsfaktor μ gilt: $0 \leqq \mu \leqq 1$. Mit $\mu = 0$ ergibt sich das explizite Verfahren (s. Abschn. 5.3.1.3.) und mit $\mu = 1$ das vollständig implizite Verfahren, das stabil und konvergent ist (SMITH 1971). In der vorliegenden Arbeit kommt die letztere Variante zur Anwendung.

5.4.1.3. Berechnung der Strahlungsflüsse

Für das Grenzschichtmodell müssen die kurz- und langwelligen Strahlungsflüsse für beliebige Zeitpunkte und vorgegebene Niveaus innerhalb und außerhalb der Grenzschicht bereitgestellt werden.

Die Arbeiten von ATWATER (1973; vgl. auch 1971 a, 1971 b) lieferten die Grundlage für den hier verwendeten Algorithmus mit den Vereinfachungen, daß die Einflüsse von Wolken und Aerosol auf die Strahlungsprozesse keine Berücksichtigung finden.

Den Ausgangspunkt der Berechnungen der langwelligen Strahlungsflußdichte mit einer Wellenlänge von $\lambda > 4{,}0\ \mu m$ bilden die Grundgleichungen des Strahlungstransportes in der Atmosphäre, die im monochromatischen Fall mit n verschiedenen Absorbern folgende Gestalt annehmen:

$$L_\lambda \downarrow (z) = - \int_z^\infty E_\lambda(T_{z'}) \frac{\partial \tau_\lambda(z, z')}{\partial z'} \, dz' \quad (90)$$

und

$$L_\lambda \uparrow (z) = E_\lambda(T_0)\, \tau_\lambda(z, o) - \int_o^z E_\lambda(T_{z'}) \frac{\partial \tau_\lambda(z, z')}{\partial z'} \, dz' \quad (91)$$

mit der Transmissionsfunktion

$$\tau_\lambda(z, z') = \exp\left[-5/3 \int_z^{z'} \left(\sum_{i=1}^{n} \varrho(z_i)\, a_{M\lambda,i}\right) dz'\right] \quad (92)$$

und T_0, T_z, als Temperaturen der Grenzfläche (z. B. Erdoberfläche) und der Atmosphäre. $E_\lambda(T)$ stellt dabei die auf den Halbraum bezogene Schwarzkörperstrahlung pro Einheitsfläche bei der Temperatur T dar.

In dem numerischen Modell von ATWATER (1973), das auf einem von MANABE und STRICKLER (1964) angegebenen Verfahren beruht, geht man von NG Niveaus in der Grenzschicht und von NA Niveaus in der gesamten Atmosphäre aus. Die Absorberweglänge für CO_2 und Wasserdampf wird für jedes Niveau $1 \leqq m \leqq NG$ bzw. $1 \leqq n \leqq NA$ berechnet und ergibt mit den integralen Absorptionskoeffizienten die Transmission in den entsprechenden Wellenlängenbereichen.

Die Transmissionsmatrix τ (NA-1, NG) enthält in ihren Elementen die Transmissionskoeffizienten für die Strahlungsflüsse aus allen n Niveaus bezüglich eines vorgegebenen Niveaus m.

Zur Berechnung der Transmissionskoeffizienten müssen zunächst die Absorber-Weglängen bestimmt werden. Für den Absorber Wasserdampf erfolgt die Angabe als Schichtdicke des niederschlagbaren Wassers (cm ppw) insgesamt mit

$$u^w = \int_{z_1}^{z_2} \varrho^w \, dz = \frac{1}{g} \int_{p_2}^{p_1} \frac{\varrho^w}{\varrho} \, dp \quad (93)$$

und für die Luftschicht i zu

$$\Delta u_i^w = (p_i - p_{i+1})(q_i + q_{i+1})/2g\,. \quad (94)$$

Für das Kohlendioxid erhält man die Schichtdicke aus der CO_2-Konzentration N^c in ppm und der Höhe der homogenen Atmosphäre H_A insgesamt als

$$u^c = \frac{N^c \cdot H_A}{10^6 \cdot p_0} \int_{p_2}^{p_1} dp \quad (95)$$

und für die Luftschicht i zu

$$\Delta u_i^c = \frac{N^c \cdot H_A}{10^6 \cdot p_0} (p_i - p_{i+1})\,. \quad (96)$$

Die Beträge von u^w und u^c werden in jedem Element der Matrix τ (NA-1, NG) mit der entsprechenden, spektral gemittelten Transmissions- bzw. Emissionsfunktion verknüpft. Diese lauten für die Wasserdampfemission nach Daten von KUHN (1963) und ZDUNKOWSKI und JOHNSON (1965):

$$\begin{aligned} \varepsilon_w &= 0{,}11288 \cdot \log(1 + 12{,}63u^w), && \log u^w \leqq -4{,}0 \\ &= 0{,}104 \cdot \log u^w + 0{,}440, && \log u^w \leqq -3{,}0 \\ &= 0{,}121 \cdot \log u^w + 0{,}491, && \log u^w \leqq -1{,}5 \\ &= 0{,}146 \cdot \log u^w + 0{,}527, && \log u^w \leqq -1{,}0 \quad (97) \\ &= 0{,}161 \cdot \log u^w + 0{,}542, && \log u^w \leqq 0{,}0 \\ &\doteq 0{,}136 \cdot \log u^w + 0{,}542, && \log u^w > 0{,}0\,, \\ & && u^w \text{ in cm.} \end{aligned}$$

Für die Kohlendioxid-Transmission lautet die Beziehung nach einer durch KONDRAT'EV (1969) verbesserten, empirischen Formel von ŠECHTER:

$$\tau_c = \exp[-0{,}3919 \cdot (1{,}66 \cdot u^c)^{0{,}4}]\,, \quad u^c \text{ in cm.} \quad (98)$$

Die Addition der Transmissionsfunktionen für Wasserdampf und Kohlendioxid ist unter Beachtung der Überlappung möglich. Die aus Emissionsmessungen in der Atmosphäre abgeleiteten Werte für den Wasserdampf enthalten implizit den CO_2-Einfluß in den Wellenlängenbereichen, wo beide Absorber wirksam sind. Nach einem Ansatz von KUHN (1963) erhält man die integrale Transmissionsfunktion für Wasserdampf und CO_2 aus folgender Gleichung

$$\tau(n, m) = 0{,}815 - \varepsilon_w + 0{,}185 \cdot \tau_c\,. \quad (99)$$

Für den abwärtsgerichteten Strahlungsfluß im Niveau m ergibt sich nun

$$L\downarrow(m) = \sum_{n=n+1}^{NA} \left[\sigma \cdot \left(\frac{T_n + T_{n-1}}{2}\right)^4 \cdot e_n\right] \quad (100)$$

mit

$$e_n = (\tau(n-1, m) - \tau(n, m))\,, \quad (101)$$

und für die terrestrische Temperaturstrahlung im Niveau m:

$$L\uparrow(m) = \sigma \cdot T_0^4 \cdot \tau(1, m) + \sum_{n=m-1}^{1} \left[\sigma \cdot \left(\frac{T_n + T_{n+1}}{2}\right)^4 \cdot e_n\right] \quad (102)$$

mit

$$e_n = (\tau(n+1, m) - \tau(n, m))\,. \quad (103)$$

Auch bei der Berechnung der kurzwelligen Strahlungsflüsse mit $\lambda \leqq 4$ µm besteht das Problem darin, für die zahlreichen Absorptionsbanden integrale Absorptionskoeffizienten und darüber hinaus auch Streukoeffizienten für die einzelnen Medien zu finden.

Der transmittierte Anteil der extraterrestrischen Sonnenstrahlung läßt sich als empirische Beziehung nach KASTROV (zit. bei KONDRAT'EV 1969) angeben als

$$\begin{aligned} \tau_K &= \frac{K\downarrow(LR, p)}{K_{ex}} \\ &= 1{,}041 - 0{,}16 \cdot \left[LR \cdot \left(0{,}949 \cdot \frac{p}{p_0} + 0{,}051\right)\right]^{0,5}. \end{aligned} \quad (104)$$

Die relative Luftmasse LR ergibt sich aus der von KASTEN (1966) angegebenen Näherungsformel für LM aus

$$LR = (p(z)/1013) \cdot LM\,, \quad p(z) \text{ Luftdruck im Niveau } z. \quad (105)$$

Die Formel für τ_K berücksichtigt die RAYLEIGH-Streuung und die Absorption durch Ozon und Sauerstoff.

Für die Wasserdampfabsorption wird ein Ansatz nach MCDONALD (1960) benutzt:

$$A_w = 0{,}077 \cdot (u^w)^{0{,}30}\,, \quad u^w \text{ in cm ppw.} \quad (106)$$

Die Berechnung des abwärtsgerichteten Strahlungsflusses für jedes Niveau m beginnt im Niveau NG und endet im Niveau 1. Die kurzwellige Strahlung im Niveau m berechnet sich zu

$$K\downarrow(m) = K_{ex} \cdot (0{,}485 + 0{,}515 \cdot \tau_K) - K_{ex} \cdot A_w \,. \tag{107}$$

Für den aufwärtsgerichteten Strahlungsfluß $K\uparrow(m)$ im Niveau m gilt dagegen

$$K\uparrow(m) = K\downarrow(1) \cdot \alpha + [K_{ex} \cdot (0{,}485 + 0{,}515 \cdot \tau_K)]_{m+1} - [K_{ex} \cdot (0{,}485 + 0{,}515 \cdot \tau_K)]_m \,. \tag{108}$$

Die strahlungsbedingte Temperaturänderung ergibt sich schließlich für die Schicht m zu

$$\left(\frac{\partial T}{\partial t}\right)_m = \frac{1}{\varrho c_p}\left[\left(\frac{\partial K^*}{\partial z}\right)_m + \left(\frac{\partial L^*}{\partial z}\right)_m\right]. \tag{109}$$

Diese Berechnungen gelten zunächst für die NG Niveaus innerhalb der Modell-Grenzschicht und müssen noch auf die N Gitterpunkte ($N > NG$) linear interpoliert werden.

5.4.2. Rechentechnische Realisierung

5.4.2.1. Gittertransformation und numerische Lösung

Das Rechenprogramm für das instationäre Grenzschichtmodell gestattet es, innerhalb einer Schicht der Mächtigkeit ZH mit maximal 40 Gitterpunkten zu rechnen. Im Untergrund können bis zur Tiefe ZG maximal 20 Gitterpunkte vereinbart werden.

Zur Berechnung der Strahlungsflüsse sind die Werte von Luftdruck, -temperatur und -feuchte in NA Niveaus (maximal 40) erforderlich. Die Höhenstaffelung ist frei wählbar und richtet sich gewöhnlich nach den verfügbaren aerologischen Daten. Innerhalb des Grenzschichtmodells erfolgt an acht von insgesamt N Gitterpunkten die Berechnung der Strahlungskomponenten.

Wegen der Höhenabhängigkeit der vertikalen Gradienten der meteorologischen Elemente mit den größten Beträgen in Bodennähe sollte die vertikale Auflösung dort größer sein als in dem oberen Teil der Grenzschicht. Das kann durch eine Koordinatentransformation erreicht werden.

Im Modell (vgl. Bodin 1979) basiert die vertikale Koordinatentransformation auf dem Betrag der neutralen Mischungsweglänge l_N:

$$\frac{1}{l_N} = \frac{1}{\varkappa(z + z_0)} + \frac{1}{\lambda_A}. \tag{110}$$

Die Transformationsgleichung

$$\xi = D \cdot \int_0^z \frac{dz}{l_N} \tag{111}$$

liefert nach Integration

$$\xi = D \cdot \left(\frac{1}{\varkappa} \ln \frac{z + z_0}{z_0} + \frac{z}{\lambda_A}\right) + 1 \,. \tag{112}$$

Die Wahl von D erfolgt dabei so, daß für eine vorgegebene Anzahl von Gitterpunkten $\Delta\xi = 1$ ist. Ferner ist $\xi = 1$ für $z = 0$. Die Konstante λ_A berechnet sich aus der vorgegebenen Grenzschichtmächtigkeit ZH als

$$\lambda_A = 0{,}03 \cdot ZH \,. \tag{113}$$

Im Untergrund erfährt die vertikale Koordinate eine logarithmische Transformation nach

$$\xi_G = a_G \cdot \ln(b_G \cdot z + 1) + 1 \,. \tag{114}$$

Die Konstanten a_G und b_G sind frei wählbar.

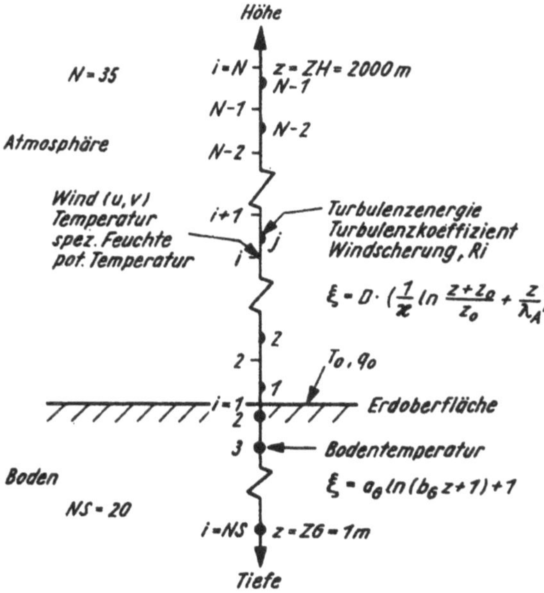

Abb. 49. Vertikalstruktur des Modells

Wie aus Abb. 49 ersichtlich ist, werden die Höhen der Gitterpunkte sowohl von $z = 0$ ausgehend berechnet und nachfolgend als „linkes Gitter" bezeichnet als auch jeweils für den Mittelpunkt zwischen den Punkten i und $i + 1$ im „rechten Gitter" bestimmt. Entsprechend erfolgt auch die Berechnung von $\partial\xi/\partial z$ für jeden Gitterpunkt im linken und rechten Gitter. Unter Einsetzen von Gl. (110) erhält man aus Gl. (112)

$$\frac{\partial\xi}{\partial z} = \frac{D}{l_N} \quad \text{bzw.} \quad \frac{\partial\xi}{\partial z} = \frac{D}{l'_N} \tag{115}$$

für das linke bzw. rechte Gitter.

Neben den Tiefen der Gitterpunkte in der 1 m mächtigen Bodenschicht findet man in Tab. 56 die Höhenlage der Gitterpunkte in der Grenzschicht für verschiedene Rauhigkeitshöhen z_0, berechnet nach Gln. (112) und (114).

In diesem transformierten Koordinatensystem hat die 1. und 2. Ableitung der Größe Q folgende Gestalt:

$$\frac{\partial}{\partial z}\left(k \frac{\partial Q}{\partial z}\right) = \frac{\partial\xi}{\partial z} \cdot \frac{\partial}{\partial\xi}\left(\frac{\partial\xi}{\partial z} k \frac{\partial Q}{\partial\xi}\right) \tag{116}$$

und

$$\frac{\partial Q}{\partial z} = \frac{\partial\xi}{\partial z} \cdot \frac{\partial Q}{\partial\xi}\,. \tag{117}$$

Tabelle 56

Höhenlage der Gitterpunkte in der Grenzschicht für verschiedene z_0 (ZH = 2000 m, N = 35, $D(z_0$ = 0,20) = 0,5700, $D(z_0$ = 0,75 m) = 0,6085, $D(z_0$ = 3,00 m) = 0,6549) und Tiefen der Gitterpunkte im Boden (ZG = —1,0 m, NS = 20, a_G = 6,2407, b_G = 20,0 m^{-1})

Gitterpunkt Nr.	Höhe (m)			Gitterpunkt Nr.	Tiefe (m)
	z_0 = 0,20 m	z_0 = 0,75	z_0 = 3,00 m		
1	0,00	0,00	0,00	1	0,00
2	0,20	0,60	2,10	2	—0,009
3	0,50	1,60	5,50	3	—0,019
4	1,10	3,40	11,00	4	—0,031
5	2,15	6,50	19,70	5	—0,045
6	4,05	11,70	32,85	6	—0,061
7	7,45	20,30	51,80	7	—0,081
8	13,45	33,80	77,50	8	—0,103
9	23,55	53,85	110,35	9	—0,130
10	39,70	81,75	150,25	10	—0,162
11	63,85	118,00	196,60	11	—0,198
12	97,15	162,20	248,60	12	—0,241
13	139,95	213,70	305,30	13	—0,292
14	191,55	271,40	366,10	14	—0,352
15	250,75	334,40	430,20	15	—0,421
16	316,15	401,60	497,20	16	—0,503
17	386,85	472,40	566,60	17	—0,599
18	461,85	546,20	637,90	18	—0,712
19	540,25	622,40	711,00	19	—0,844
20	621,45	700,70	785,60	20	—1,000
21	703,05	780,80	861,50		
22	790,75	862,40	938,50		
23	878,05	945,30	1016,40		
24	966,75	1029,30	1095,30		
25	1056,75	1114,30	1174,90		
26	1147,85	1200,20	1255,20		
27	1239,95	1286,80	1336,10		
28	1332,75	1374,20	1417,60		
29	1426,45	1462,10	1499,60		
30	1520,75	1550,70	1582,10		
31	1615,55	1639,70	1665,00		
32	1711,05	1729,20	1748,20		
33	1806,95	1819,10	1831,90		
34	1903,25	1909,40	1915,80		
35	2000,00	2000,00	2000,00		

Beim Übergang zu endlichen Differenzen läßt sich Gl. (116) für den Zeitpunkt t und den Gitterpunkt i schreiben:

$$\left(\frac{D}{l_N}\right)\cdot\frac{\partial}{\partial\xi}\left(k^t\cdot\frac{D}{l_N}\cdot\frac{\partial Q}{\partial\xi}\right)=\left(\frac{D}{l_N}\right)_i$$

$$\times\left[\left(k^t\frac{D}{l'_N}\right)_{i+1/2}\cdot(Q_{i+1}-Q_i)-\left(k^t\frac{D}{l'_N}\right)_{i-1/2}\cdot(Q_i-Q_{i-1})\right]$$

$$=A_iQ_{i-1}+B_iQ_i+C_iQ_{i+1} \tag{118}$$

mit

$$A_i=\left(\frac{D}{l_N}\right)_i\cdot\left(k^t\frac{D}{l'_N}\right)_{i-1/2}, \tag{119}$$

$$C_i=\left(\frac{D}{l_N}\right)_i\cdot\left(k^t\frac{D}{l'_N}\right)_{i+1/2}, \qquad B_i=-(A_i+C_i)\,.$$

Für jeden Zeitschritt werden die Koeffizienten A_i, B_i und C_i nur einmal berechnet und in allen Rechenoperationen verwendet.

In analoger Weise kann Gl. (117) umgeformt werden in:

$$\frac{D}{l_N}\cdot\frac{\partial Q}{\partial\xi}=\left(\frac{D}{l_N}\right)_i\cdot(Q_{i+1}-Q_{i-1})\cdot 0{,}5\,. \tag{120}$$

Am Beispiel der Bewegungsgleichung für die u-Komponente soll der weitere Lösungsweg demonstriert werden (vgl. BODIN 1979). Ausgehend von

$$\frac{\partial u}{\partial t}=f(v-v_g)+\frac{\partial}{\partial z}\left(k\,\frac{\partial u}{\partial z}\right) \tag{121}$$

erhält man für den Gitterpunkt i (linkes Gitter in Abb. 49) nach Gl. (89) ($\mu = 1$) und Gl. (118):

$$\frac{u_i^{t+1} - u_i^t}{\Delta t} = f(v_i - v_g) + A_i \cdot u_{i-1}^{t+1} + B_i \cdot u_i^{t+1} + C_i \cdot u_{i+1}^{t+1} \qquad (122)$$

und nach Umformung

$$A_i \cdot u_{i-1}^{t+1} + \left(B_i - \frac{1}{\Delta t}\right) \cdot u_i^{t+1} + C_i \cdot u_{i+1}^{t+1}$$

$$= -\frac{u_i^t}{\Delta t} - f(v_i - v_g)^t = \delta_i\,. \qquad (123)$$

Allgemein kann man dafür schreiben:

$$\alpha_i \cdot u_{i-1}^{t+1} + \beta_i \cdot u_i^{t+1} + \gamma_i \cdot u_{i+1}^{t+1} = \delta_i \qquad i = 2, N-1\,, \quad (124)$$

mit

$$\alpha_i = A_i\,, \qquad \beta_i = (B_i - h/\Delta t) \quad \text{und} \quad \gamma_i = C_i\,, \quad (124)$$

und führt damit das Problem auf die Lösung eines linearen Gleichungssystems zurück. Dazu wurde aus der BESM-6-FORTRAN-Bibliothek das Unterprogramm „LINEQ1“ benutzt, dem die GAUSSsche Eliminationsmethode zugrunde liegt.

Alle weiteren zeitabhängigen Gleichungen (Gl. 76 bis 78, 83) erfahren in gleicher Weise wie oben geschildert die Umformung in ein lineares Gleichungssystem, und man erhält für den Zeitpunkt $t + 1$ die prognostizierten Vertikalprofile der Größen u, v, T bzw. Θ, q und b.

Der gleiche Weg führt von der Wärmeleitungsgleichung im Boden über den impliziten Ansatz nach CRANK-NICOLSON zu prognostizierten Profilen der Bodentemperatur. Da im Gegensatz zur Atmosphäre mit ihrem zeit- und ortsabhängigen Turbulenzkoeffizienten der Diffusionskoeffizient k_G (Temperaturleitfähigkeit) im Boden als zeit- und ortsunabhängig angenommen wird, genügt es, die Koeffizienten α_i, β_i und γ_i nur ein einziges Mal zu berechnen.

Unter Berücksichtigung von Gl. (114) kann die Wärmeleitungsgleichung (81) transformiert werden in

$$\frac{\partial T_G}{\partial t} = k_G b_G^2 a_G^2 \, e^{-\frac{2(z-1)}{a_G}} \cdot \left(\frac{\partial^2 T_G}{\partial z^2} - \frac{1}{a_G}\frac{\partial T_G}{\partial z}\right). \quad (125)$$

Mit NS Gitterpunkten in der Bodenschicht der Dicke ZG ergibt sich

$$a_G = \frac{NS - 1}{\ln\,(b_G \cdot ZG + 1)}\,. \qquad (126)$$

Setzt man zur Vereinfachung

$$s = k_G \cdot a_G^2 \cdot b_G^2 \quad \text{und} \quad g(z) = e^{\frac{2(z-1)}{a_G}}\,, \qquad (127)$$

erhält man mit

$$\alpha_i \cdot T_{G_{i-1}}^{t+1} + \beta_i \cdot T_{G_i}^{t+1} + \gamma_i \cdot T_{G_{i+1}}^{t+1} = \delta_i \qquad i = 2, NS-1, \quad (128)$$

und

$$\left.\begin{aligned} \alpha_i &= 1 + 1/2 \cdot a_G \\ \beta_i &= 1 - 1/2 \cdot a_G \\ \gamma_i &= -2 - 1/s \cdot g_i \cdot \Delta t \\ \delta_i &= -T_{G_i}^t/s \cdot g_i \cdot \Delta t \end{aligned}\right\} \qquad (129)$$

nach Lösung des linearen Gleichungssystems schließlich das prognostizierte Profil der Bodentemperatur.

5.4.2.2. Bereitstellung der Anfangswerte

Im Grenzschichtmodell sind zur Simulation des urbanen Einflusses auf die Vertikalprofile von Lufttemperatur und horizontalem Windvektor eine Reihe von Eingangsparametern frei wählbar. Entsprechende Steuergrößen erlauben wahlweise neben der Simulation der Stadtgrenzschicht auch eine Simulation der Grenzschicht des Umlandes.

Als Anfangswerte der atmosphärischen Zustandsgrößen eignen sich sowohl aktuelle Radiosonden-Daten als auch aeroklimatologische Angaben.

Zu Beginn der Rechnungen müssen folgende Größen vereinbart werden:

- Datum, geographische Breite, Startzeitpunkt der Rechnung, Zeitintervall und Anzahl der Integrationsschritte, vertikale Mächtigkeit der Modell-Grenz-Schicht und Tiefe im Boden, Anzahl der Gitterpunkte in der Modell-Grenzschicht und im Boden, Anzahl und Höhenlage der Gitterpunkte in der gesamten Atmosphäre, Profilkonstante für die Gitterpunkte im Boden,
- Höhe, Breite und Länge der Gebäude, Straßenbreite, Albedo von Dach, Wand und Straße bzw. des Umlandes,
- Solarkonstante, Gesamt-CO_2-Gehalt der Atmosphäre,
- Rauhigkeitshöhe, HALSTEAD-Parameter (Anteil der verdunstenden Fläche an der Gesamtfläche); Wärmeleitfähigkeit, Dichte und spezifische Wärme des Untergrundes,
- Anfangswerte von Lufttemperatur, -druck und spezifischer Feuchte auf vorgegebenen NA Gitterpunkten in der gesamten Atmosphäre (davon NG Gitterpunkte in der Modell-Grenzschicht),
- Komponenten des geostrophischen Windvektors und Luftdruck an der Obergrenze des Modells,
- anthropogener Wärmestrom,
- ggf. Tagesgang der Lufttemperatur an der Erdoberfläche (Stundenwerte).

Aus den Näherungswerten der Strahlungsbilanz Q^* und dem vorgegebenen HALSTEAD-Parameter M erfolgt die Bereitstellung des BOWEN-Verhältnisses β und der Initialwerte des fühlbaren und latenten Wärmestromes Q'_H und Q'_E (Tab. 57).

Die Anwendung der Transformationsbeziehungen (Gl. 112, 114) liefert die Höhen und Tiefen der Gitterpunkte in der Modell-Grenzschicht bzw. im Boden (vgl. Tab. 56). Auf diese Gitterpunkte sind nun die vorgegebenen atmosphärischen Zustandsgrößen T und q zu interpolieren.

Tabelle 57
Wertekombinationen des Bowen-Verhältnisses β und des Quotienten Q'_H/Q^* in Abhängigkeit vom Halstead-Parameter M (nach Oke 1979, 1982; Rauner und Černavskaja 1972)

M	0,10	0,50	0,80
$\beta = Q'_H/Q'_E$	2,0	1,0	0,7
Q'_H/Q^*	0,55	0,38	0,30

Ausgehend von der Lufttemperatur $TB(2)$ mit $ZB(2) > 150$ m und $TB(1)$ in $ZB(1) = 2$ m wird zunächst die Temperatur TZ in 10 m Höhe berechnet. Sie ergibt sich aus

$$TZ = TB(2) + GA \cdot (ZB(2) - 10{,}0);$$

$$GA = \begin{cases} \text{Juni: } 1{,}2\ \text{K}/100\ \text{m} \\ \text{Dez.: } 1{,}05\ \text{K}/100\ \text{m}\,. \end{cases} \qquad (130)$$

Unterhalb von 10 m Höhe existiert ein logarithmisches Temperaturprofil mit der Profilkonstanten

$$T_* = (TZ - TB(1))/\ln(10 \cdot (ZB(1))\,, \qquad (131)$$

woraus sich die Temperatur $T(1)$ an der Erdoberfläche (in der Höhe ZTNULL) bestimmen läßt:

$$T(1) = TB(1) - T_* \cdot \ln(ZB(1)/\text{ZTNULL})\,. \qquad (132)$$

Für alle Gitterpunkte in der Modell-Grenzschicht unterhalb von 10 m Höhe (vgl. Tab. 56) kann nun entsprechend dem logarithmischen Temperaturprofil die Lufttemperatur $T(i)$ angegeben werden, während in größerer Höhe zwischen den Anfangswerten linear interpoliert wird.

Im nächsten Schritt erfolgt die Berechnung des Mischungsweges für neutrale Schichtung l_N bzw. l'_N im linken bzw. rechten Gitter, des Luftdruckes, der Luftdichte und der potentiellen Temperatur Θ für jeden Gitterpunkt.

Nach Bereitstellung des vertikalen Windprofils nach dem Ansatz von Ekman-Taylor (vgl. Matveev 1965, Melgarejo 1982) in Abhängigkeit von der Rauhigkeitshöhe z_0 und dem Betrag des geostrophischen Windvektors an der Obergrenze des Modells liefert Gl. (87) die Anfangswerte der Ri-Zahl und des Turbulenzkoeffizienten in den entsprechenden Gitterpunkten (vgl. Abb. 49).

Berechnet man mit den jetzt vorliegenden Daten den turbulenten Wärmestrom an der Erdoberfläche

$$Q_H = c_p \cdot \varrho \cdot k_H \cdot (\Theta(2) - \Theta(1))/\Delta Z\,, \qquad (133)$$

so muß bei einer Abweichung von der Zielgröße Q'_H das Temperaturprofil über eine entsprechende Veränderung von $TB(2)$ angepaßt und die Rechnung nach Gl. (131) und (132) ggf. mehrfach wiederholt werden.

Mit Hilfe der spezifischen Feuchte bei Sättigung $q_S(1)$ an der Erdoberfläche bei der Temperatur $T(1)$ und der Beziehung

$$Q_E^S = Q'_E/M \qquad (134)$$

erhält man über

$$q(2) = q_S(1) + Q_E^S/(r_w \cdot \varrho \cdot k_H/\Delta z)$$

die gesuchte spezifische Feuchte an der Erdoberfläche mit dem Halstead-Parameter M

$$q(1) = q(2) - Q'_E/(r_w \cdot \varrho \cdot k_H/\Delta z)\,. \qquad (136)$$

Analog zum Temperaturprofil können aus $q(1)$ und $q(2)$ die Profilkonstante des logarithmischen Profils für die spezifische Feuchte innerhalb 10 m Höhe berechnet und damit die $q(i)$ bestimmt werden. Oberhalb von 10 m Höhe erfolgt wiederum eine lineare Interpolation unter Anpassung an den Anschlußwert im ersten Gitterpunkt unterhalb 10 m Höhe.

Zur Kontrolle wird der aus $q(1)$ und $q(2)$ berechnete latente Wärmestrom

$$Q_E = r_w \cdot \varrho \cdot k_H \cdot (q(2) - q(1))/\Delta z \qquad (137)$$

mit der Zielgröße Q'_E verglichen und steht für die Berechnung der Energiebilanz zur Verfügung.

Der Aufruf des Albedomodells (s. Abschn. 5.2.) liefert die Sonnenhöhen und die Albedo der Stadtoberfläche entsprechend den Eingangsparametern für den gesamten Integrationszeitraum. Daran schließt sich die Berechnung der kurz- und langwelligen Strahlungsflüsse und der strahlungsbedingten Temperaturänderung für alle Gitterpunkte an.

Das logarithmische Bodentemperaturprofil erfüllt einerseits die Bedingung, daß der Bodenwärmestrom dem Saldo der Energiebilanzgleichung

$$-Q_G = Q^* + Q_H + Q_E + Q_F \qquad (138)$$

entspricht, und besitzt andererseits eine vorgegebene Temperatur $TS(NS)$ an der unteren Begrenzung der Bodenschicht. Es gilt:

$$\begin{aligned} TS(1) &= T(1)\,, \\ TS(2) &= -(Z(2) \cdot Q_G/\lambda_G) + TS(1)\,, \\ TS(NS) &= 0{,}99 \cdot TS(2)\,. \end{aligned} \qquad (139)$$

Mit den Parametern

$$FTS = (TS(2) - TS(NS))/(TS(1) - TS(NS))$$

und

$$ATB = TS(1) - TS(NS)\,, \qquad BTB = \ln(FTS)/Z(2)$$

ergibt sich für jeden Gitterpunkt das gesuchte Bodentemperaturprofil

$$TS(i) = ATB \cdot \exp(BTB \cdot z(i)) - TS(NS)\,, \qquad i = 2, NS\text{-}1. \qquad (140)$$

Gleichzeitig mit diesen Rechnungen werden die Koeffizienten des linearen Gleichungssystems entsprechend Gl. (129) bereitgestellt.

Neben der laufenden Bestimmung der Oberflächentemperatur aus der Energiebilanz zu jedem Integrationsschritt kann wahlweise auch eine vorgegebene Temperatur verwendet werden. Als Eingangsparameter werden dazu Stundenwerte eines Tagesganges bereitgestellt und für diese Reihe mittels des Programms „TRICOF" (BESM-6-Bibliothek) die Fourierkoeffizienten berechnet.

Zu jedem beliebigen Zeitpunkt kann dann mit Hilfe des Programms „TRISUM" die erforderliche Temperatur im 1. Gitterpunkt bestimmt werden.

5.4.2.3. Rechenablauf

Vor dem Start des Simulationslaufs über n Zeitschritte erfolgt eine Integration des Modells über vorgebbare m Zeitschritte mit konstant gehaltenen Randbedingungen zur Anpassung aller Anfangswerte.

Nach dieser Initialisierung werden die aktuellen Werte der Energiebilanzkomponenten Q_H, Q_E und Q_G nochmals mit den Zielgrößen verglichen und erforderlichenfalls die entsprechenden Profile, wie im vorigen Abschnitt geschildert, korrigiert.

Die Simulation des Tagesganges der Vertikalprofile von Lufttemperatur und horizontalem Windvektor vollzieht sich nun in zyklischer Abarbeitung folgender Teilaufgaben:

- Nach der Berechnung der Koeffizienten A_i, B_i und C_i für jeden Gitterpunkt erfolgt die Bestimmung der α_i, β_i, γ_i und δ_i, daran anschließend die Lösung des Gleichungssystems für die Größen
  u-Komponente des Windvektors,
  v-Komponente des Windvektors,
  Lufttemperatur T bzw. potentielle Temperatur Θ,
  spezifische Feuchte q,
  Bodentemperatur T_S,
  Turbulenzenergie b.
- Ausgehend von diesen prognostizierten Werten schließt sich die Berechnung weiterer Grenzschichtparameter an:
  maximale spezifische Feuchte q_s,
  Höhe der Mischungsschicht $HABL$,
  Mischungsweg (in Abhängigkeit von der Schichtung) l_s,
  Turbulenzkoeffizient k, k_H,
  RICHARDSONSCHE Zahl Ri,
  Windscherung S.
- Nach jedem 3. Zeitschritt liefert das Strahlungsprogramm die aktualisierten Strahlungsflüsse und strahlungsbedingten Temperaturänderungen für jeden Gitterpunkt. Wahlweise erfolgt die Bestimmung von $T(1)$ aus der Reihenentwicklung des vorgegebenen Tagesganges oder als Lösung der Energiebilanzgleichung mittels Iteration. Die Lösung ist gefunden, wenn die Bilanz kleiner als 0,5 W/m² ist.
- Den Abschluß bildet die Bestimmung der spezifischen Feuchte an der Erdoberfläche in Abhängigkeit vom HALSTEAD-Parameter.
- Danach beginnt die Abarbeitung des nächsten Zeitschritts.

Das Rechenprogramm ermöglicht über eine Reihe von Steuerparametern wahlweise den Druck von Zwischenergebnissen und den Transfer der Ergebnisse von Integrationsschritten auf externe Speicher, um nach Abschluß der Rechnungen die Resultate insgesamt darstellen zu können.

Die effektive Rechenzeit beträgt auf der BESM-6 bei einem Transfer der Zwischenergebnisse auf Magnetplatte für eine Simulation über 24 Stunden ($\Delta t = 4$ min, 35 Gitterpunkte in der Modell-Grenzschicht und 20 Gitterpunkte im Boden) im Mittel 624 s (ETT) bei einer reinen Rechenzeit (CPT) von 458 s.

5.4.3. Simulation des Grenzschichtzustandes über der Stadt und dem Umland

Die Integration des Gleichungssystems liefert die Vertikelprofile der Lufttemperatur und des horizontalen Windvektors in wählbarem Zeitabstand über einen Zeitraum von 24 h in einer räumlichen Auflösung, die durch die Anzahl der Gitterpunkte bestimmt wird.

Ähnlich wie bei den Untersuchungen mit dem Energiebilanz-Modell beziehen sich die Rechnungen auf die Monate extremaler Sonnenstände und damit extremaler Globalstrahlung bei wolkenlosem Himmel.

Die Stadtstruktur gleicht in ihrem optischen, geometrischen und thermischen Parameter jener, die auch im Energiebilanz-Modell Verwendung fand.

Die Beträge derjenigen Eingangsparameter, die für alle Rechnungen gültig sind, kann Tab. 58 entnommen werden.

Der Startzeitpunkt der Rechnungen wurde auf 12 Uhr MOZ deshalb gelegt, weil aus den aerologischen Untersuchungen hervorging, daß der Temperaturunterschied zwischen Stadt und Umland mittags minimal ist. Damit können in erster Näherung die gleichen Anfangs-Profile für die Temperatur in Stadt und Umland verwendet werden. Es bereitet ohnehin Schwierigkeiten, realistische Anfangswerte für das Temperaturprofil innerhalb einer Stadtgrenzschicht aus dem spärlich vorhandenen Beobachtungsmaterial abzuleiten.

Zwei geeignete Wetterlagen (29.—30. 6. 1976, 29. bis 30. 12. 1976) mit fehlender oder nur geringer Bewölkung im Tagesgang lieferten die Daten am Boden, aus der atmosphärischen Grenzschicht und aus der freien Atmosphäre, an die die Anfangswerte im Modell angepaßt wurden. Die aerologischen Daten für die Strahlungsberechnung zum Startzeitpunkt und den Initial-Grenzschicht-Zustand entstammen den Radiosondenaufstiegen über Tempelhof (Westberlin) vom 29. 6. 1976 und vom 29. 12. 1976, jeweils 12 Uhr UTC.

Die Ergebnisse der Simulationen mit dem Energiebilanzmodell zeigten die überragende Wirkung des Anteils verdunstender Flächen M auf den Betrag der urbanen Temperaturanomalie. Mit dem Grenzschichtmodell soll nun verfolgt werden, wie sich das vertikale Temperatur- und Windprofil im Tagesgang bei verschiedenen Beträgen von M verhält. In weiteren Simulationen erfahren auch der anthropogene Wärmestrom Q_F und die Rauhigkeitshöhe z_0 eine systematische Variation.

5.4.3.1. Grenzschicht im Juni

Die Werte von T, q und p für den Initialzustand der Atmosphäre am 29. Juni wurden in Tab. 59 zusammengestellt. Die zugehörigen Druckwerte für die Niveaus innerhalb der Modell-Grenzschicht ($z < 2000$ m) erhält man mit den vorgegebenen Temperaturen aus der barometrischen Höhenformel.

Tabelle 58
Allgemeine Eingangsparameter für das Grenzschichtmodell

Geographische Breite		52,20° N	
Zeitintervall *DT*		4 min	
Anzahl der Integrationsschritte		360	
Anzahl der Integrationsschritte bei der Initialisierung		10	
Start-Zeitpunkt		12 Uhr MOZ	
Grenzschicht:	Anzahl der Gitterpunkte *N*	35	
	Mächtigkeit *ZH*	2000 m	
	Gesamt-CO_2-Gehalt	320 ppm	
	u_{geo}; v_{geo}	7,0 m/s; 0 m/s	
Boden:	Anzahl der Gitterpunkte *NS*	20	
	Mächtigkeit *ZG*	1,0 m	
	Profilkonstante b_G	20,0 m^{-1}	
		Stadt	*Umland*
	Wärmeleitfähigkeit λ_G (W/m · K)	4,61	1,05
	Dichte ϱ_G (kg/m³)	2,5 · 10^3	2,4 · 10^3
	spez. Wärme c_G (J/kg · K)	921,1	879,2
Gebäude:	Höhe/Breite/Länge	22/48/48 m	
	Albedo: Wand/Dach	0,30/0,20	
Straße:	Breite	12 m	
	Albedo	0,15	
Emissionskoeffizient ε für λ = 4—100 μm		0,95	

In insgesamt 6 Simulationen der Entwicklung des urbanen Grenzschicht-Zustandes wurde bei einer Rauhigkeitshöhe von $z_0 = 0{,}75$ m und einem $Q_F = 25$ W/m² der Anteil verdunstender Flächen *M* am Stadtareal von 10% über 50% auf 80% erhöht. Darüber hinaus erfolgten bei einem $M = 0{,}10$ Rechnungen für $Q_F = 100$ W/m² und $Q_F = 200$ W/m² und auch mit einer Rauhigkeitshöhe von $z_0 = 3{,}0$ m. Im Umland wurde mit den Werten für $z_0 = 0{,}2$ m und $M = 0{,}80$ gerechnet. Die Kurzbezeichnungen der Simulationsfälle und die dazugehörigen Werte von z_0, *M* und Q_F enthält Tab. 60.

Für die Lufttemperatur in der Grenzschicht über dem Kernbereich der Stadt, charakterisiert durch die Wertekombination JS I, liefert das Modell in allen Gitterpunkten Tagesgänge, von denen vier aus den Höhen zwischen 1,6 m und 472 m in Abb. 50 dargestellt sind. Deutlich erkennt man die mit wachsender Höhe sich verringernde Amplitude und zunehmende Phasenverschiebung des Tagesganges der Lufttemperatur. Der Verlauf der Kurven zeigt, daß die Rechenergebnisse mit der meteorologischen Erfahrung übereinstimmen. Für die Höhen 1,6 m und 118,0 m wurden zum Vergleich auch die Tagesgänge des Falles JS III ($M = 0{,}80$) eingezeichnet. Die Unterschiede zum Fall JS I liegen allgemein im niedrigeren Betrag der Einzelwerte und im geänderten Verlauf insbesondere der Lufttemperatur in 1,6 m Höhe. Die höhere Stabilität der Luftschicht zwischen 1,6 m und 118,0 m in den Nachstunden im Fall JS III gegenüber dem Fall JS I läßt sich am Abstand der entsprechenden Kurven zueinander gut erkennen.

Ändert sich der Anteil der verdunstenden Flächen von 10% auf 80%, so sinkt die mittlere Lufttemperatur im gesamten Zeitraum (von 12 Uhr bis 12 Uhr MOZ des Folgetages) deutlich ab (Abb. 51). Umgekehrt führt eine Steigerung von Q_F auf das Vierfache im Fall JS V gegenüber JS I zu einer Erhöhung des Mittelwertes der

Tabelle 59
Anfangswerte von Luftdruck, -temperatur und spezifischer Feuchte für den 29. Juni, 12 Uhr MOZ

Niveau Nr.	Höhe m	Luftdruck hPa	Lufttemperatur K	spezifische Feuchte kg/kg
1	2	—	298,40	0,01230
2	144	—	295,50	0,01000
3	1232	—	285,60	0,00500
4	1386	—	285,90	0,00191
5	2000	803,00	283,60	0,00167
6	2682	741,00	281,00	0,00421
7	3593	663,00	276,90	0,00294
8	4073	624,70	273,10	0,00268
9	4704	577,00	268,10	0,00217
10	4827	568,00	267,10	0,00178
11	7042	425,00	252,50	0,00027
12	8609	342,00	239,50	0,00019
13	10550	257,00	223,60	0,00003
14	12980	175,00	214,10	0,00001
15	14793	131,00	213,60	0,00001
16	16263	104,00	218,10	0,00003
17	17185	90,00	218,20	0,00003
18	18796	70,00	220,50	0,00000
19	22971	41,00	224,80	0,00000
20	26959	20,20	229,20	0,00000
21	20961	13,00	235,90	0,00000

Lufttemperatur. Im Vergleich mit dem Tagesgang im Umland (Fall JL I) zeigt sich, daß die Temperaturdifferenz zwischen Stadt und Umland vor Sonnenaufgang ihr Maximum erreicht und ihr Betrag in hohem Maße von der Größenordnung von *M* abhängt. Die Wirkung der Erhöhung von Q_F ist dagegen vergleichsweise gering.

Die aus dem Tagesgang ableitbare, stündliche Änderung der Lufttemperatur, berechnet für den ersten

Tabelle 60
Bezeichnung der Simulationsvarianten und Beträge der variablen Eingangsparameter in der Stadt (JS I bis JS VI) und im Umland (JL I) am 29. Juni

Eingangsparameter	Bezeichnung						
	JS I	JS II	JS III	JS IV	JS V	JS VI	JL I
z_0 (m)	0,75	0,75	0,75	3,00	0,75	0,75	0,20
M	0,10	0,50	0,80	0,10	0,10	0,10	0,80
Q_F (W/m²)	25	25	25	25	100	200	0
α_{Umland}	—	—	—	—	—	—	0,25

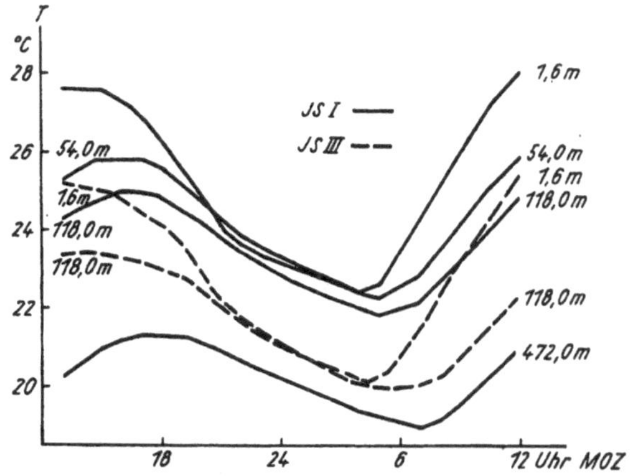

Abb. 50. Tageslänge der Lufttemperatur in verschiedenen Höhen über der Stadt für die Fälle JS I und JS III am 29./30. Juni

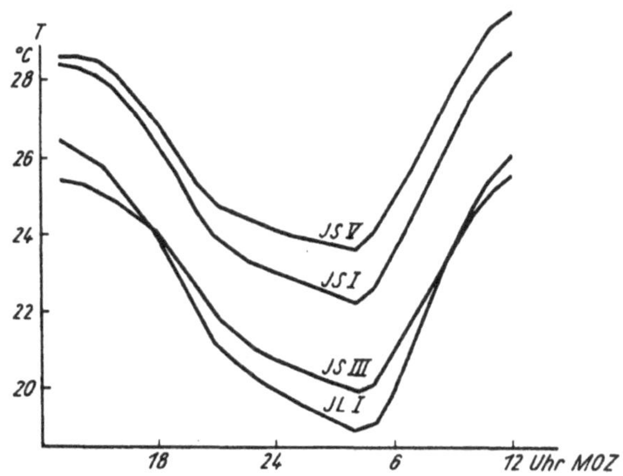

Abb. 51. Tagesgänge der Lufttemperatur im ersten Gitterpunkt in der Stadt in Abhängigkeit von M und Q_F und im Umland am 29./30. Juni

Gitterpunkt, stimmt mit den empirischen Befunden überein, wonach die Erwärmungs- und Abkühlungsraten in der Stadt kleiner als im Umland sind. Eine Vergrößerung von Q_F (JS V) gegenüber dem Fall JS I bewirkt eine weitere Verringerung der Beträge (Abb. 52).

In welcher Größenordnung sich die Vertikalprofile der Lufttemperatur und der Windgeschwindigkeit in der Stadtgrenzschicht im Zeitraum zwischen 14 Uhr und 2 Uhr MOZ verändern, zeigt Abb. 53 am Beispiel des Falles JS I. In den untersten 100 m entwickelt sich aus einer labilen Schichtung am Nachmittag eine flache Bodeninversion und darüber eine schwach-stabile Schicht

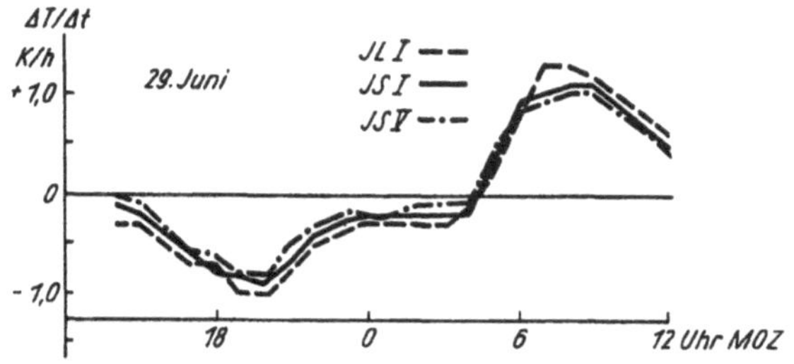

Abb. 52. Stündliche Änderung der Lufttemperatur im ersten Gitterpunkt in der Stadt für verschiedene Werte von Q_F (JS I: Q_F = 25 W/m², JS V: Q_F = 100 W/m²) mit M = 0,10 und im Umland am 29./30. Juni

in den Nachtstunden. Im vertikalen Windprofil läßt sich im oberen Bereich der Grenzschicht eine Zunahme der Windgeschwindigkeit feststellen, die dem in dieser Höhe typischen täglichen Gang mit einem nächtlichen Maximum entspricht.

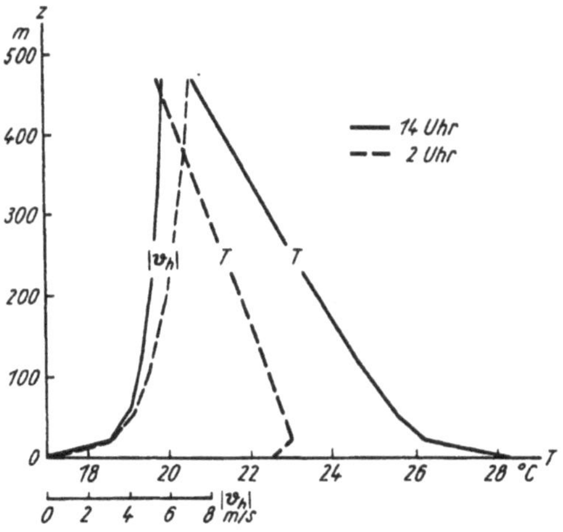

Abb. 53. Vertikalprofile von Lufttemperatur und horizontalem Windvektor in der Stadtgrenzschicht zu den Zeitpunkten 14 Uhr und 2 Uhr MOZ am 29./30. Juni für den Fall JS I

Aus den gedruckten Wertelisten kann das Temperaturprofil in Zeitintervallen von 12 min entnommen werden. Da die Darstellung aller Profile nicht sinnvoll ist, soll anhand abgeleiteter Parameter der Tagesgang der thermischen Schichtung verdeutlicht werden. Besonderer Wert wird dabei auf jene Größen gelegt, die in enger Beziehung zu den Ausbreitungsbedingungen für Luftbeimengungen stehen.

Tabelle 61
Kennwerte der Bodeninversion oder -isothermie, Temperaturdifferenzen in der Schicht (546,0—1,6 m) in der Stadt bzw. (540,2—2,2 m) im Umland und Differenzen von T_{min} bzw. $\bar{T}$ zwischen Stadt und Umland in Abhängigkeit von M und Q_F am 29./30. Juni

Parameter	JS I	JS II	JS III	JS V	JS VI	JL I
Bodeninversion oder -isothermie						
Anfang, MOZ	18.00	16.24	16.00	18.24	19.00	16.12
Ende, MOZ	5.12	5.48	5.48	4.48	2.48	5.48
Dauer, h	11:12	13:24	13:48	10:24	7:48	13:24
ΔT_{max}, K	0,5	0,6	0,6	0,2	0,1	1,1
ΔT (546,0—1,6 m) 14 Uhr, K	—7,7	—6,3	—6,0	—8,0	—8,2	—6,2
ΔT (546,0—1,6 m) 2 Uhr, K	—3,6	—3,2	—3,0	—4,3	—5,1	—2,5
ΔT_{min} (S—L), K	3,3	1,4	1,1	4,7	6.4	—
$\Delta \bar{T}$ (S—L), K	2,8	0,6	0,3	3,7	4,8	—

Definiert man den Beginn einer Bodeninversion oder -isothermie als den Zeitpunkt, wo erstmals die Temperatur im zweiten Gitterpunkt größer oder gleich jener im ersten Gitterpunkt ist, so erhält man die in Tab. 61 aufgeführten Zeiten. Das Ende einer Bodeninversion bzw. -isothermie ist in analoger Weise definiert. Sowohl die Eintrittszeiten als auch die Andauer der Bodeninversion oder -isothermie reagieren auf Veränderungen von M bzw. Q_F in der gleichen Weise, wie das aus aerologischen Untersuchungen bekannt ist. Der maximale Inversionsbetrag ΔT_{max} erreicht nur höchstens 50% desjenigen des Umlandes.

Bei der Interpretation dieser Resultate und dem Vergleich mit klimatologischen Daten des Inversionsregimes muß aber unbedingt berücksichtigt werden, daß mit Hilfe von Radiosonden diese Inversionen erst ab einer Mächtigkeit von einigen Dekametern (Höhe des ersten Meßpunktes) erfaßt werden können. Das Grenzschichtmodell liefert aber wegen der Transformation der Vertikalkoordinate die Feinstruktur des vertikalen Temperaturprofils in hoher Auflösung in Bodennähe (vgl. Tab. 56).

Die Angaben der Temperaturdifferenz zwischen 546,0 m Höhe (im Umland 540,2) und 1,6 m (im Umland 2,2 m) zu zwei Terminen vermögen daher eher eine vergleichbare Vorstellung von der mittleren Schichtung zu geben. Vergleicht man die Werte mit der Differenz bei neutraler Schichtung, $\Delta T = -5{,}4$ K, so zeigt sich gegenüber dem Umland besonders nachts die stabilitätsvermindernde Wirkung der Stadt. Der Effekt von M ist relativ geringer als jener von Q_F.

Mit einer Vergrößerung von M ist eine rapide Verringerung der Differenz zwischen Stadt und Umland sowohl beim Temperaturminimum als auch bei der Mitteltemperatur verbunden. Beim achtfachen Betrag von Q_F gegenüber dem Fall JS I wächst die urbane Temperaturanomalie zur Zeit des Minimums um 3,1 K an (Tab. 61).

In welcher Weise der Anteil verdunstender Flächen den mittleren Temperaturverlauf zwischen 1,6 m und 118,0 m im Tagesgang bestimmt, sieht man am Neigungswinkel der die entsprechenden Temperaturwerte verbindenden Geraden in Abb. 54. Zwischen dem Kernstadtbereich ($M = 0{,}10$) und der Vorstadt ($M = 0{,}80$) ergeben sich sowohl nachts als auch tagsüber nur geringe

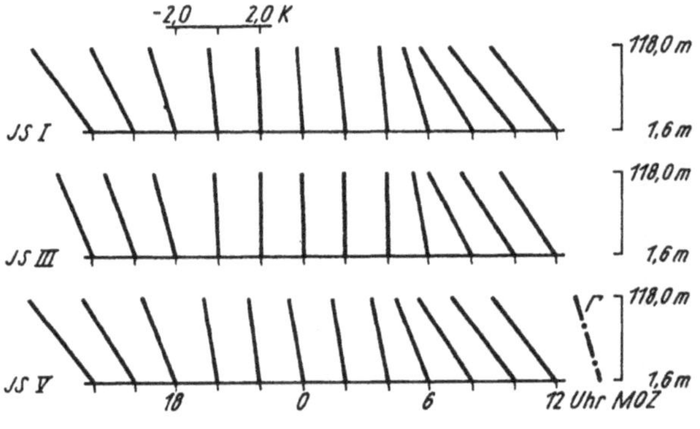

Abb. 54. Tagesgang des mittleren vertikalen Temperaturgradienten zwischen 118,0 m und 1,6 m in der Stadtatmosphäre für verschiedene Werte von M und Q_F (JS I: $M = 0{,}10$, JS III: $M = 0{,}80$, JS V: $Q_F = 100$ W/m²)

Unterschiede mit gleichem Vorzeichen. Der vertikale Temperaturgradient $\Delta T/\Delta z$ ist im Fall JS I stets kleiner als im Fall JS III. Während mittags überadiabatische Gradienten dominieren, bildet sich nachts in beiden Fällen eine nahezu isotherme Schichtung heraus. Im Fall erhöhter anthropogener Energiefreisetzung (JS V) tritt ein labilisierender Effekt nur in den Nachtstunden deutlich hervor.

Abschließend soll noch die Mächtigkeit der Luftschicht bestimmt werden, in der die Lufttemperatur größer oder gleich der Lufttemperatur in 1,6 m Höhe (im Umland: 2,2 m) ist (Tab. 62). Im Kernstadtbereich liegen die Mächtigkeiten deutlich unter jenen im Umland,

Tabelle 62
Mächtigkeit der Luftschicht (m) mit $T(z) \geqq T$ (1,6 m) in der Stadt bzw. T (2,2 m) im Umland in Abhängigkeit von M und Q_F im Tagesgang am 29./30. Juni

Zeit (MOZ)	JL I	JS I	JS III	JS IV	JS V	JS VI
18	13	—	6	5	3	—
20	97	54	70	77	34	6
22	140	82	118	93	34	3
0	140	70	105	93	34	6
2	140	54	100	110	20	3
4	140	54	100	77	12	—
6	13	3	12	11	—	—

vor allem bei sehr hohen Werten von Q_F. Das Auftreten einer solchen thermischen Struktur im untersten Teil der Grenzschicht ist eindeutig mit dem Strahlungsregime gekoppelt. Sie formiert sich gegen 18 Uhr MOZ und löst sich ca. 2 Stunden nach Sonnenaufgang wieder auf.

Für die u- und v-Komponente des horizontalen Windvektors liegen ebenfalls alle 12 min für den gesamten Integrationszeitraum Vertikalprofile vor, auf deren vollständige Darstellung verzichtet wird.

In allen Rechnungen wurde mit der gleichen Windgeschwindigkeit an der Obergrenze des Modells gerechnet (vgl. Tab. 58). Der Tagesgang der Windgeschwindigkeit in den einzelnen Bereichen der Grenzschicht entspricht qualitativ dem zu erwartenden Verhalten. Die tagesperiodische Veränderung des vertikalen Profiles der Windgeschwindigkeit vollzieht sich unter dem Einfluß einer zeitlich variablen thermischen Schichtung und damit unterschiedlicher Turbulenzkoeffizienten. Beim Vergleich der Profile mit dem Umland muß außerdem die unterschiedliche aerodynamische Rauhigkeit der Unterlage beachtet werden.

Als Parameter zur Beschreibung der Windgeschwindigkeitsprofile, der die oben genannten Einflußfaktoren widerspiegelt, bietet sich der Exponent m des Potenzgesetzes an (vgl. Tab. 14).

Berechnet aus den Windgeschwindigkeiten in zwei Gitterpunkten (Stadt: 11,7 m und 118,0 m; Umland: 13,5 m und 140,0 m), besitzt m in allen Simulationsfällen (Tab. 63) den typischen stabilitätsbedingten Tagesgang. Die Größenordnung von m stimmt gut mit jenen Werten überein, die aus Messungen in der Stadtgrenzschicht abgeleitet wurden (vgl. Abschn. 3.3.2.). Das höhere Tagesmittel im Fall JS III resultiert aus der größeren Stabilität der betreffenden Luftschicht, wie aus den vorangegangenen Auswertungen hervorging. Die im Vergleich zur Stadt geringere Rauhigkeit im Umland vermindert den Betrag von m erheblich, wenngleich die Reduktion durch die Wirkung erhöhter Stabilität im Umland teilweise kompensiert werden dürfte.

Tabelle 63

Tagesgang des Potenzgesetz-Exponenten m, berechnet aus den Windgeschwindigkeiten in 11,7 m und 118,0 m in der Stadt und im Umland (13,5 m bzw. 140,0 m) in Abhängigkeit von M am 29./30. Juni

Zeit (MOZ)	JS I	JS III	JL I
14	0,22	0,24	0,16
16	0,23	0,26	0,18
18	0,25	0,28	0,22
20	0,29	0,28	0,22
22	0,29	0,29	0,22
0	0,29	0,28	0,23
2	0,29	0,28	0,22
4	0,29	0,27	0,23
6	0,28	0,28	0,22
8	0,25	0,27	0,19
10	0,24	0,25	0,18
12	0,22	0,24	0,17
$\bar{m}$	0,26	0,27	0,20

5.4.3.2. Grenzschicht im Dezember

Die Initialwerte von T, p und q für den 29. Dezember enthält Tab. 64. Zwei Inversionen zwischen 169 m und 304 m bzw. zwischen 640 m und 784 m sind wesentliche Merkmale dieses winterlichen vertikalen Temperaturprofils.

Tabelle 64

Anfangswerte von Luftdruck, -temperatur und spezifischer Feuchte für den 29. Dezember, 12 Uhr MOZ

Niveau	Höhe m	Luftdruck hPa	Lufttemperatur K	spezifische Feuchte kg/kg
1	2	—	267,50	0,00148
2	169	—	265,10	0,00136
3	304	—	268,10	0,00087
4	640	—	266,60	0,00047
5	784	—	267,50	0,00052
6	1124	—	267,20	0,00055
7	2000	785,00	261,70	0,00054
8	3533	640,00	250,50	0,00019
9	4163	587,00	247,20	0,00015
10	5114	514,00	241,30	0,00009
11	6656	411,00	229,70	0,00003
12	8477	311,00	216,20	0,00001
13	9677	257,00	213,40	0,00001
14	11160	203,00	215,60	0,00001
15	13376	143,00	214,40	0,00001
16	15354	104,00	211,00	0,00001
17	17649	72,00	210,70	0,00000
18	20809	43,40	215,70	0,00000
19	22433	33,60	218,00	0,00000
20	24072	26,00	220,50	0,00000
21	24726	23,50	220,50	0,00000
22	30609	10,20	249,30	0,00000

Die in Tab. 65 zusammengestellten 8 Simulationen des Tagesganges des Grenzschichtzustandes über der Stadt und dem Umland unterscheiden sich bezüglich des Anteils verdunstender Flächen M untereinander wie die entsprechenden Fälle im Juni. Bei einer Rauhigkeitshöhe von $z_0 = 0{,}75$ m liegt M zwischen 0,10 und 0,80. Der anthropogene Energiestrom Q_F erhöht sich, den winterlichen Bedingungen entsprechend, von 50 W/m² auf 200 W/m² im Fall DS V. Für das Umland gelten zunächst die gleichen Werte wie im Juni. Zwei weitere Simulationen nehmen aber eine Schneedecke mit einer Albedo von $\alpha_{Umland} = 0{,}90$ und einer Rauhigkeitshöhe von $z_0 = 0{,}20$ m bzw. 0,10 m an.

Die Tagesgänge der Lufttemperatur in verschiedenen Höhen über der Stadt lassen qualitativ ähnliche Abhängigkeiten von M und Q_F wie im Juni erkennen und werden deshalb nicht näher erläutert. Die stündliche Änderung der Lufttemperatur im ersten Gitterpunkt weist im Vergleich mit den Resultaten für den Juni ähnliche Unterschiede der Erwärmungs- bzw. Abkühlungsraten für Städte mit geringem und hohem Anteil verdunstender Areale auf. Auch hier ergeben sich im Umland die deutlich größeren Beträge (Abb. 55).

Das vertikale Temperaturprofil besitzt zu Beginn der Simulationen zwei freie Inversionen zwischen 169 m

Tabelle 65
Bezeichnung der Simulationsvarianten und Beträge der variablen Eingangsparameter in der Stadt (DS I—DS V) und im Umland (DL I—DL III) am 29. Dezember

Parameter	DS I	DS II	DS III	DS IV	DS V	DL I	DL II ⊡	DL III ⊡
z_0, m	0,75	0,75	0,75	3,00	0,75	0,20	0,20	0,10
M	0,10	0,50	0,80	0,10	0,10	0,80	0,80	0,80
Q_F, W/m²	50	50	50	50	200	0	0	0
α_{Umland}	—	—	—	—	—	0,25	0,90	0,90

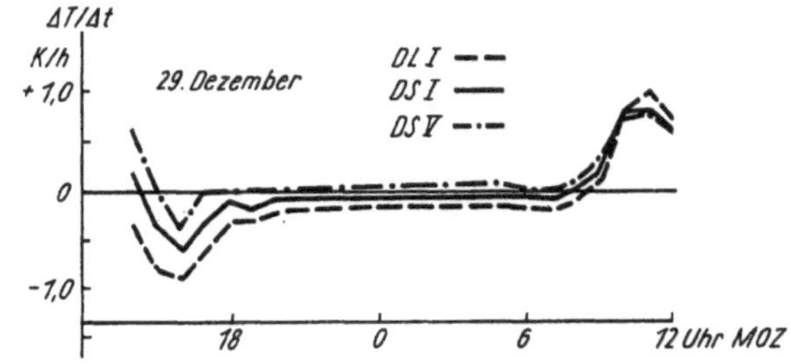

Abb. 55. Stündliche Änderung der Lufttemperatur im ersten Gitterpunkt in der Stadt für verschiedene Werte von Q_F (DS I: Q_F = 50 W/m², DS V: Q_F = 200 W/m²) mit M = 0,10 und im Umland am 29./30. Dezember

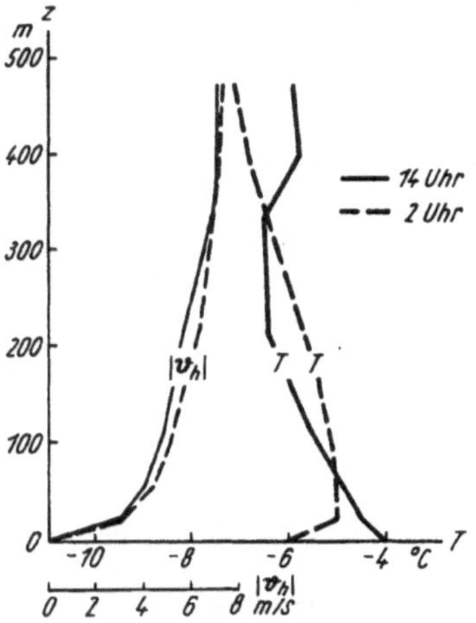

Abb. 56. Vertikalprofile von Lufttemperatur und horizontalem Windvektor in der Stadtgrenzschicht zu den Zeitpunkten 14 Uhr und 2 Uhr MOZ am 29./30. Dezember für den Fall DS I

und 784 m Höhe. Im Laufe der zeitlichen Entwicklung des Grenzschichtzustandes unter dem Einfluß der Stadt (Fall DS I) ändert sich sowohl die Höhenlage als auch die Temperaturdifferenz dieser Inversionen (Abb. 56). Die um 14 Uhr noch vorhandene Inversion zwischen 330 m und 400 m verschwindet später gänzlich. Unterhalb 200 m wird die Schichtung in den Nachtstunden stabiler, und bis in eine Höhe von 50 m hat sich zum Termin 2 Uhr eine Bodeninversion bzw. -isothermie herausgebildet. Die Windgeschwindigkeit erfährt gegenüber 14 Uhr nachts in der Schicht zwischen 20 m und 300 m eine Zunahme um maximal 10%. Oberhalb 400 m Höhe vermindert sich dagegen nachts die Windgeschwindigkeit.

Unter Beachtung der Festlegungen in Abschn. 5.4.3.1. wurden auch für die Simulationen im Dezember Kennwerte des Inversionsregimes aus den Profilen abgeleitet (Tab. 66).

Entsprechend den natürlichen Strahlungsbedingungen treten inverse bzw. isotherme Schichtungen an der Erdoberfläche früher im Tagesgang auf und dauern länger an. Die Vergrößerung von M bewirkt nur eine unwesentliche Verlängerung der Inversionsandauer. Dagegen hat die Erhöhung des anthropogenen Wärmestroms von 50 W/m² auf 200 W/m² eine bemerkenswerte Verringerung der Andauer von 20 h auf 0:36 h zur Folge.

Die Temperaturdifferenzen zwischen der Ober- und der Untergrenze der Bodeninversion wachsen mit dem Anteil verdunstender Flächen, sie sind größer als im

Tabelle 66
Kennwerte der Bodeninversion oder -isothermie, Temperaturdifferenzen in der Schicht (546,0—1,6 m) in der Stadt bzw. (540,0—2,2 m) im Umland und Differenzen von $T_{\min}$ bzw. $\bar{T}$ zwischen Stadt und Umland in Abhängigkeit von M und Q am 29./30. Dezember

Parameter	DS I	DS II	DS III	DS V	DL II ⊡	DL I
Bodeninversion oder -isothermie						
Anfang, MOZ	14.36	14.24	14.24	15.48	12.24	14.00
Ende, MOZ	10.48	11.12	11.00	16.24	12.00	12.00
Dauer, h	20:12	20:48	20:36	0:36	23:36	22:00
$\Delta T_{\max}$, K	0,9	1,1	1,2	0,0	1,8	1,9
ΔT (546,0—1,6) 14 Uhr, K	−2,1	−1,6	−1,4	−2,9	−1,4	−1,6
ΔT(546,0—1,6) 2 Uhr, K	−2,0	−1,7	−1,6	−4,8	−0,9	−0,8
$\Delta T_{\min}$ (S—L), K	3,4/3,3	2,7/2,6	2,5/2,4	(7,0/6,9)	—	—
$\Delta \bar{T}$ (S—L), K	2,8/2,3	2,1/1,6	1,9/1,4	5,4/4,9	—	—

Juni und gegenüber denen des Umlandes deutlich verringert.

Ähnliches gilt für die Temperaturdifferenz zwischen 546,0 m Höhe (im Umland 540,2 m) und 1,6 m (im Umland 2,2 m). Die tagesperiodischen Änderungen sind allerdings sehr gering, besonders in den Fällen DS I bis DS III.

Die Differenzen zwischen Stadt und Umland sowohl beim Temperaturminimum als auch bei der Mitteltemperatur entsprechen in ihrer Größenordnung den Messungen in verschiedenen Städten. Beim Vergleich mit dem schneebedeckten Umland (Fall DL II) nehmen die Differenzen noch größere Beträge an.

Der Tagesgang der Stabilität der Luftschicht zwischen 1,6 m und 118,0 m, durch eine Gerade vereinfacht dargestellt, läßt zwischen den Simulationen DS I und DS III nur geringe Unterschiede erkennen (Abb. 57). In den Nachtstunden überwiegen inverse Schichtungen. Hohe Beträge von Q_F, sowohl absolut als auch in Relation zu den natürlichen Strahlungsflüssen, ziehen im Dezember eine bedeutende Labilisierung dieser Luftschicht nach sich.

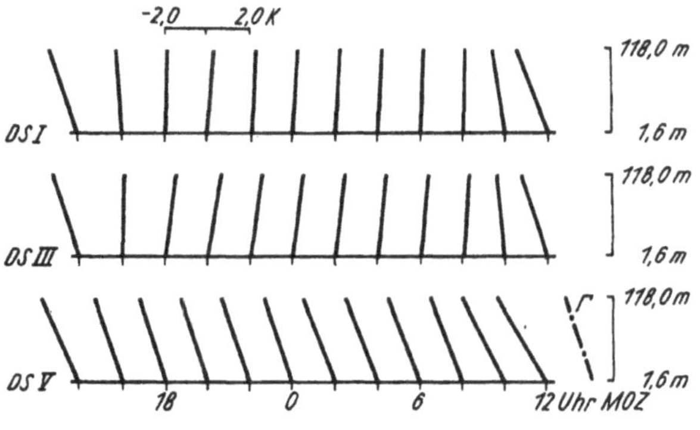

Abb. 57. Tagesgang des mittleren Temperaturgradienten zwischen 118,0 m und 1,6 m in der Stadtatmosphäre für verschiedene Werte von M und Q_F (DS I: M = 0,10, DS III: M = 0,80, DS V: Q_F = 200 W/m²)

Die Mächtigkeit der Luftschicht, in der die Lufttemperatur größer oder gleich der Lufttemperatur in 1,6 m Höhe (im Umland 2,2 m) ist, übertrifft jene aus den Simulationen im Juni und steht in Übereinstimmung mit dem Jahresgang der Stabilität der Grenzschicht. Im Umland bewirkt die Anwesenheit einer Schneedecke unter sonst gleichen Bedingungen eine Vergrößerung der Mächtigkeit (Tab. 67).

Die Beschreibung des Vertikalprofils der Windgeschwindigkeit mit Hilfe des Potenzgesetzes und dessen Exponenten m, berechnet aus den Werten in zwei Gitterpunkten, dient wiederum zur Analyse der Wechselwirkung zwischen Stadt und Windfeld.

In Anbetracht der höheren Stabilität der Stadtatmosphäre im Dezember sind höhere Beträge von m zu erwarten. Wie in Tab. 68 gezeigt, bestätigt sich diese Erwartung. Die Mittelwerte liegen in allen Fällen stabilitätsbedingt höher als im Sommer. Der Einfluß von M ist relativ gering. Die Stabilitätsverhältnisse verändern sich im Tagesgang nur wenig und bewirken so infolge des reduzierten vertikalen Austauschs eine Verringerung der tagesperiodischen Schwankung des Exponenten m.

Tabelle 67

Mächtigkeit der Luftschicht (m) mit $T(z) \geqq T$ (1,6 m) in der Stadt bzw. T (2,2 m) im Umland in Abhängigkeit M und Q_F im Tagesgang am 29./30. Dezember

Zeit MOZ	DL I	DL II [*]	DL III [*]	DS I	DS III	DS IV	DS V
14	—	—	44	—	3	—	—
16	165	251	175	70	140	150	3
18	285	300	230	162	214	197	3
20	330	335	230	185	271	210	3
22	330	335	274	185	250	197	3
0	330	335	274	185	240	197	3
2	316	300	274	162	214	180	—
4	316	300	274	180	205	150	—
6	300	300	230	162	205	130	—
8	290	270	240	140	140	150	—
10	140	240	211	34	54	33	—
12	7	175	155	—	3	5	—

Tabelle 68

Tagesgang des Potenzgesetz-Exponenten m, berechnet aus den Windgeschwindigkeiten in 11,7 m und 118,0 m in der Stadt und im Umland (13,5 m bzw. 140,0 m) in Abhängigkeit von M am 29./30. Dezember

Zeit MOZ	DS I	DS III	DL I	DL II [*]
14	0,27	0,29	0,21	0,22
16	0,28	0,28	0,24	0,22
18	0,29	0,28	0,22	0,22
20	0,28	0,28	0,22	0,21
22	0,28	0,28	0,21	0,23
0	0,28	0,28	0,22	0,22
2	0,28	0,28	0,22	0,22
4	0,29	0,29	0,21	0,22
6	0,29	0,29	0,22	0,21
8	0,29	0,29	0,21	0,22
10	0,29	0,29	0,22	0,22
12	0,28	0,30	0,22	0,22
$\bar{m}$	0,28	0,29	0,22	0,22

Zusammenfassend ergibt sich aus den Simulationen der Grenzschicht über der Stadt und dem Umland, daß für das vertikale Temperaturfeld und letztlich für die Ausbreitungsverhältnisse der Anteil der verdunstenden Flächen (Grünanlagen, Parks, Wasserflächen) an dem gesamten Stadtareal eine ausschlaggebende Bedeutung besitzt. Der anthropogene Energiestrom Q_F beeinflußt das Temperaturfeld um so mehr, je größer sein Betrag gegenüber den natürlichen Strahlungshaushalt-Komponenten ist.

Das vertikale Windprofil ist in der Stadt den veränderten Rauhigkeiten angepaßt und unterliegt zusätzlich dem Einfluß der durch die Stadt geprägten Stabilitätsverhältnisse.

Die mit dem eindimensionalen instationären Grenzschichtmodell gewonnenen Einsichten in den Prozeß der Formierung der Grenzschichtstruktur über einer Stadt stellen eine wesentliche Erweiterung der mit dem Energiebilanzmodell getroffenen Aussagen dar.

6. Schlußbemerkung

Die Vielfalt der anthropogenen Beeinflussungen der Atmosphäre über Städten und Industriegebieten und die Wechselwirkungen zwischen den meteorologischen Prozessen stehen einer Verallgemeinerung von Einzelbeobachtungen erschwerend entgegen. Zunächst gelten solche Aussagen nur unter den speziellen Bedingungen ihrer Ableitung. Meist sind aber diese Bedingungen nur in geringem Umfang bekannt. Die Analyse von Daten regulärer meteorologischer Stationen, wie hier praktiziert, hat verwertbare Ergebnisse gebracht. Es ist gleichzeitig aber auch die Grenze ihrer Auswertbarkeit und ihres Informationsgehaltes sichtbar geworden.

Im Zeitbereich von Stunden bis Tagen gestatten vor allem die Wechselbeziehungen zwischen meteorologischen Prozessen innerhalb und außerhalb der Stadt eine Vorhersage von Zustandsgrößen der Stadtgrenzschicht. Die Beachtung der multiplen Korrelation der Lufttemperatur in der Stadt mit meteorologischen Parametern im Umland kann die mesosynoptische Kurzfristprognose für diese Gebiete verbessern. Liegen prognostizierte vertikale Temperaturverteilungen für das Umland vor, liefert die mittels der Regressionsgleichung prognostizierte Temperaturerhöhung in der Stadt auch eine Information über die Höhe der urbanen Mischungsschicht.

Eine weitere Differenzierung der Aussagen, sowohl räumlich als auch zeitlich, erfordert einen wesentlich höheren beobachtungstechnischen Aufwand. Zu Gebote stehen im Prinzip Verfahren der Geofernerkundung, aber auch die Durchführung von mikrometeorologischen Sondermessungen ist zu erwägen, wenn die bei der Sanierung und Rekonstruktion von Altbaugebieten entstehende Frage nach dem Weg zu verbesserten biometeorologischen Bedingungen beantwortet werden soll.

Die den mittleren Zustand der Stadtatmosphäre kennzeichnenden Daten und die Erkenntnisse ihrer Abhängigkeit von der Stadtstruktur stellen für die Stadtplanung Entscheidungshilfen dar, die mit den bautechnologischen, verkehrstechnischen und stadthygienischen Anforderungen in Übereinstimmung gebracht werden müssen.

Die mit dem Energiebilanzmodell gewonnenen Resultate stehen im Einklang mit den Beobachtungen, obwohl weitgehende Vereinfachungen bei der Modellkonstruktion vorgenommen wurden. Das eindimensionale instationäre Grenzschichtmodell vermag für ein größeres Stadtareal mit annähernd einheitlicher Oberflächengestalt einen tieferen Einblick in die Struktur und die zeitliche Entwicklung der Stadtgrenzschicht unter variablen anthropogenen Einwirkungen zu geben. Die Modellierungen des urbanen Temperatur- und Windfeldes erbrachten eindeutige Belege für die Rolle der anthropogenen Energieerzeugung und des Anteils verdunstender Flächen am Gesamtareal einer Stadt.

Die Berücksichtigung von Aerosoleffekten und der Übergang zu einem zwei- oder sogar dreidimensionalen Modell können die Aussagefähigkeit noch erweitern.

Abschließend möchte ich Herrn Prof. Dr. Bernhardt für sein stetes Interesse am Fortgang der Arbeit und die in zahlreichen Diskussionen gegebenen Hinweise und Anregungen meinen herzlichen Dank aussprechen.

Zusammenfassung

Ausgehend von den physikalischen Grundlagen der anthropogenen Beeinflussung meteorologischer Prozesse werden im ersten Teil die in der Literatur beschriebenen Wechselwirkungen der Erdoberfläche und der Atmosphäre über Städten und Industriegebieten zusammengefaßt und ein Überblick über den Energiehaushalt der Stadtgrenzschicht und das urbane Temperatur-, Wind- und Feuchtefeld gegeben.

Im zweiten Teil wird versucht, anhand des verfügbaren Beobachtungsmaterials regulärer meteorologischer Stationen die Eigenschaften der Stadtatmosphäre über Berlin bezüglich der horizontalen und vertikalen Temperaturverteilung und des vertikalen Windprofils herauszuarbeiten.

Im dritten Teil dienen ein Energiebilanzmodell und ein instationäres eindimensionales Grenzschichtmodell dazu, die für die zeitliche und räumliche Struktur der urbanen Temperaturanomalie wesentlichen anthropogenen Einflußgrößen zu ermitteln. Die Berechnung des Tagesganges der Stadtalbedo erfolgt dabei in einem gesonderten Modell.

Резюме

Исходя из физических основ антропогенного влияния на метеорологические процессы, в первой части сводятся описанные в литературе взаимодействия земной поверхности и атмосферы над городом и промышленными районами и дается обзор о балансе энергии пограничного слоя над городом и о полях температуры, ветра и влажности над городом.

Во второй части предпринимается попытка, по имеющимся материалам наблюдений регулярных метеорологических станций выделить характеристики атмосферы над городом Берлином относительно горизонтального и вертикального распределений температуры и вертикального профиля ветра.

В третьей части модель баланса энергии и нестационарная одномерная модель пограничного слоя служат для определения антропогенных влияющих величин, существенных для временной и пространственной структур температурной аномалии над городом. При этом расчет суточного хода альбедо города проводится по раздельной модели.

Summary

Starting from the physical fundamentals of the anthropogenic influence on meteorological processes, in the first part the interactions between the land surface and the atmosphere in towns and industrial areas are summarized as described in literature. A review of energy budget of the urban boundary layer as well as urban air temperatur-, wind- and moisture-field is given.

In the second part is made an attempt to describe the characteristics of the urban atmosphere over Berlin regarding the horizontal and vertical pattern of air temperature and the vertical wind profil, based on avaivable data from ordinary meteorological stations.

In the third part are used an energy balance model and an instationary one-dimensional boundary layer model to find those anthropogenic factors which are essential to the spatial and temporal structure of the urban heat island. The calculation of the dirunal course of urban albedo as a model input has been performed in a separate model.

Symbolliste

A_i, B_i, C_i	transformierte Diffusionskoeffizienten
A_w	Absorptionskoeffizient des Wasserdampfes für kurzwellige Strahlung
ΔA	Netto-Feuchteadvektion
D, D_λ	diffuse Strahlung, bei Wellenlänge λ, W/m^2
D	Gitterkonstante für die transformierte z-Koordinate
DT	Integrationsintervall, s
E	Sättigungsdampfdruck, hPa
$E_\lambda(T)$	Schwarzstrahlung in den Halbraum pro Einheitsfläche
ET	Evapotranspiration, mm
F	Wasserfreisetzung durch Verbrennungsprozesse, mm
H	Höhe der Gebäude, m
I, I_λ, I_{Ex}	direkte Strahlung, bei Wellenlänge λ, extraterrestrisch, W/m^2
K_{Ex}	extraterrestrische Sonnenstrahlung, W/m^2
$K\downarrow$	Globalstrahlung, W/m^2
$K\uparrow$	kurzwellige Reflexstrahlung, W/m^2
K^*	kurzwellige Strahlungsbilanz, W/m^2
L_0	MONIN-OBUCHOV-Länge, m
$L\downarrow$	atmosphärische Temperaturstrahlung, W/m^2
$L\uparrow$	terrestrische Temperaturstrahlung, W/m^2
L^*	langwellige Strahlungsbilanz, W/m^2
$L^*_{E/A}$	langwellige Ausstrahlung des Systems Erde/Atmosphäre, W/m^2
LM	relative Luftmasse
LR	relative Luftmasse im Druckniveau p
M	HALSTEAD-Parameter
N	Anzahl der Gitterpunkte in der Modell-Grenzschicht
NA	Anzahl der Niveaus in der Atmosphäre für die Strahlungsrechnung
NG	Anzahl der Niveaus in der Grenzschicht für die Strahlungsrechnung
N_R	Anzahl der Reflexionen im Straßenzug
P	Niederschlag, mm
PET	potentielle Evapotranspiration, mm
Q^*	Strahlungsbilanz, W/m^2
Q_E, Q'_E	latenter Wärmestrom, W/m^2
Q_F	anthropogener Wärmestrom, W/m^2
Q_G	Wärmeleitungsstrom, Bodenwärmestrom, W/m^2
Q_H, Q'_H	fühlbarer Wärmestrom, W/m^2
ΔQ_A	Advektion fühlbarer und latenter Wärme
ΔQ_S	Änderung der Wärmespeicherung
R	Abfluß, mm
RET	aktuelle Evapotranspiration, mm
Ri	RICHARDSONsche Zahl
ΔR	Netto-Abfluß
S	Betrag der vertikalen Windscherung, $m/s \cdot m$
S_0	Solarkonstante = 1370 W/m^2
T	Lufttemperatur, °C bzw. K
T_G, T_S	Bodentemperatur, °C bzw. K
TG	Gesamt-Trübungsfaktor nach LINKE
TK	komplexer Transmissionskoeffizient
W	kanalisierte Wasserzufuhr aus Flüssen oder Staubecken, mm
$W1$	Breite der Gebäude, m
$W2$	Breite der Straße, m
$W3$	Länge der Gebäude, m
ZG	Dicke der Bodenschicht, m
ZH	Mächtigkeit der Modell-Grenzschicht, m
$\mathbf{r}_h$	Richtungsvektor zum Fußpunkt des Ballonstandortes
$\lvert \mathbf{v}_h \rvert$	Betrag des horizontalen Windvektors, m/s
a_G, b_G	Profilkonstanten für das Gitter im Boden
$a_{M\lambda}$	Volumenabsorptionskoeffizient
b	Turbulenzenergie pro Masseneinheit, m^2/s^2
c_G	spezifische Wärme des Untergrunds, $J/kg \cdot K$
c_p, c_v	spezifische Wärme der Luft bei p = const., v = const., $J/kg \cdot K$
f	Coriolis-Parameter, s^{-1}
k, k_E, k_H	Turbulenzkoeffizient für Impuls, Masse und Wärme, m^2/s
k_G	Temperaturleitfähigkeit, m^2/s
k'	Wellenzahl, m^{-1}
l_N	Mischungsweg für neutrale Schichtung, m
l_s	stabilitätsabhängiger Mischungsweg, m
m	Exponent des Potenzgesetzes
p, p_0	Luftdruck, hPa
q, q_s	spezifische Feuchte, bei Sättigung, kg/kg
r_E	Abstandsfaktor Erde—Sonne
r_w	Verdampfungswärme, J/kg
t_s	Stundenwinkel, Grad
Δt	Integrationsintervall, s
u	Komponente des horizontalen Windvektors, m/s
u_{geo}, u_g	Komponente des geostrophischen Windvektors, m/s
$u(z)$	Windgeschwindigkeit in der Höhe z, m/s
u_*	Schubspannungsgeschwindigkeit, m/s
u^w, u^c	Schichtdicke von Wasserdampf (cm ppw) bzw. CO_2 (cm)

v	Komponente des horizontalen Windvektors, m/s
v_{geo}, v_g	Komponente des geostrophischen Windvektors, m/s
w	großräumige Vertikalgeschwindigkeit, m/s
z_0	Rauhigkeitshöhe, m
z_2	Höhe in der Atmosphäre, m (mit verschwindender tagesperiodischer Änderung)
z_G	Tiefe im Boden, m (mit verschwindender tagesperiodischer Änderung)
Θ	potentielle Lufttemperatur, °C bzw. K
α, α_λ	Albedo, spektrale Albedo
α_D, α_S, α_W	Albedo von Dach, Straße und Wand
α_T	$= k/k_H$
α_i, β_i, γ_i, δ_i	Koeffizienten des linearen Gleichungssystems nach CRANK-NICOLSON
β	BOWEN-Verhältnis $= Q_H/Q_E$
β_I	Irrtumswahrscheinlichkeit
β_S	Verhältnis von Streustrahlung, die die Erdoberfläche erreicht, zur gesamten Streustrahlung
β_W	Einfallswinkel der Strahlung an der Wand, Grad
γ^*	trockenadiabatischer Temperaturgradient, K/m
$\hat{\gamma}$	Temperaturgradient der homogenen Atmosphäre, K/m
γ	vertikaler Temperaturgradient $= -\partial T/\partial z$, K/m

γ_G	„counter"-Gradient, K/m
δ	Deklination der Sonne, Grad
ε	Emissionskoeffizient für langwellige Strahlung
ε_w	Emissionsfunktion für Wasserdampf
ζ	Zenitdistanz der Sonne, Grad
$\varkappa$	KARMAN-Konstante
λ	Wellenlänge, m
λ_A	Konstante für die Koordinatentransformation
λ_G	Wärmeleitfähigkeit des Untergrundes, W/m · K
λ_S	Azimut der Sonne, Grad
λ'	Azimut des Straßenzuges, Grad
μ	Gewichtsfaktor; Stabilitätsparameter
ν	laufende Nr. des Tages im Jahr
ξ, ξ_G	transformierte Vertikalkoordinate in der Modell-Grenzschicht bzw. im Untergrund
ϱ, ϱ_G	Luftdichte, Dichte des Untergrundes; kg/m³
σ	STEFAN-BOLTZMANN-Konstante $= 5{,}67 \cdot 10^{-8}$ W/m² · K⁴
τ_0	Taupunkt an der Erdoberfläche, °C bzw. K
$\tau(n, m)$	Transmissionsmatrix
τ_c	Transmissionsfunktion für CO_2
τ_K	transmittierter Anteil der extraterrestrischen Sonnenstrahlung
τ_{zx}	REYNOLDsche Schubspannung, N/m²
φ	geographische Breite, Grad

Literaturverzeichnis

Abh. Met. Inst.: Meteorologische Abhandlungen des Inst. f. Meteor. FU Berlin (West), Aerologische Daten Berlin-Tempelhof 1974, Band 142; Neue Folge, Ser. B, Grundlagenmaterial: Aerologische Daten Berlin-Tempelhof 1975, 1976.

Ackermann, T. P.: A model of the effect of aerosols on urban climates with particular applications to the Los Angeles Basin. J. Atm. Sci. **34** (1977) 3, 531—547.

Aida, M.: Urban albedo as a function of the urban structure — a model experiment. Bound, Layer Meteor. **23** (1982) 4, 405—413.

Aida, M., Gotoh, K.: Urban albedo as a function of the urban structure — a two dimensional numerical simulation. Bound. Layer Meteor. **23** (1982) 4, 415—424.

Aida, M., Yaji, U.: Observations of atmospheric downward radiation in the Tokyo area. Bound. Layer Meteor. **16** (1979) 4, 453—456.

Albrecht, F.: Untersuchungen der vertikalen Luftzirkulation in der Großstadt. Meteor. Z. **56** (1933) 93—98.

Albrecht, F.: Methods of computing global radiation. Geof. Pura Appl. **32** (1955) 131—138.

Anders, K.: Möglichkeiten einer vergleichenden Inversionsstatistik nach den Aufstiegen der Radiosondenstation Lindenberg und Berlin (West)-Tempelhof. Dipl. Arb. HU Berlin unveröffentl., 1972, 43 S.

Atwater, M. A.: The radiative budget for parallel layers of the urban environment. J. Appl. Meteor. **10** (1971a) 205—214.

Atwater, M. A.: Radiative effects of pollutants in the atmospheric boundary layer. J. Atm. Sci. **28** (1971b) 1367—1373.

Atwater, M. A.: Thermal effects of urbanization and industrialization in the boundary layer. Bound. Layer. Meteor. **3** (1972) 2, 229—245.

Atwater, M. A.: Atmospheric radiation computations for an urban meteorological pollutant model. CEM-Report 4121-490a, App. C (1973) 20 S.

Atwater, M. A.: Urbanization and pollutant effects on the thermal structure in four climate regions. J. Appl. Meteor. **16** (1977) 9, 888—895.

Avaste, O. A., Krasnokutskaja, L. D., Fejgelson, E. M.: O propuskanii i pogloščenii solnečnoj radiacii v bezoblačnoj atmosfere. Fiz. Atm. okeana, **5** (1969) 12, 1301—1308.

Bahr, R.-M.: Das Klima von Berlin (I). Geschichte der meteorologischen Beobachtungen der Stadt Berlin. Abh. Meteor. Dienst DDR, X (1966) 78, 48 S.

Bartels, B.: Interdiurne Veränderlichkeit der Tagesmitteltemperatur in Potsdam und Berlin-Innenstadt. Dipl. Arb. HU Berlin, unveröffentlicht, 1982, 44 S.

Becker, H. E.: Vergleich der Radiosondenaufstiege von Lindenberg und Tempelhof für die Zeiträume 1950—1955 und 1964 bis 1971. Dipl. Arb. HU Berlin, unveröff., 1973, 23 S.

Behre, O.: Das Klima von Berlin. Berlin 1908, 158 S.

Beier, E.: Über die Modellierung der Wärmeinsel einer Stadt. Dipl. Arb. HU Berlin, unveröff., 1978, 73 S.

Belov, P. N., Ščerbakov, A. Ju.: Čislennoe modelirovanie sutočnogo choda meteorologičeskich elementov v bol'šom gorode. Meteor. i Gidr. (1983) 7, 45—53.

Berljand, M. E.: Sovremennye problemy atmosfernoj diffuzii i zagrjaznenija atmosfery. Leningrad 1975, 448 S.

Berljand, M. E., Budyko, M. I., Kondrat'ev, K. Ja.: Klimat goroda i problema izmenenija global'nogo klimata. Meteor. i Gidr. (1973) 1, 3—14.

Berljand, M. E., Kondrat'ev, K. Ja.: Goroda i klimat planety. Leningrad 1972, 40 S.

Berljand, M. E., Kondrat'ev, K. Ja., Žvalev, V., Zraževskij, I. M.: Zadači i programma ėksperimenta KĖNĖKS-72. Trudy GGO 332 (1974) 3—7.

Berljand, M. E., Zašichin, M. N.: K teorii antropogennogo vozdejstvija na lokal'nye meteorologičeskie processy v gorode. Meteor. i Gidr. (1982) 2, 5—16.

Bernhardt, F., Philipps, H.: Die räumliche Verteilung der Einstrahlung, der Ausstrahlung und der Strahlungsbilanz im Meeresniveau, Teil I. Abh. Meteor. Hydrol. Dienst DDR, 45 (1958) 227 S.

Bernhardt, K.: Globale physikalische Prozesse und Gesellschaft. Wiss. Z. HU Berlin, Math.-Nat. R., **XXVII** (1978) 2, 1—17.

Bernhardt, K., Helbig, A., Kettner, H., Olberg, M., Thees, I.: Some results of the lower troposphere inversion statistics in Middle Europe. WMO-Symp. Bound. Layer Phys., WMO-No. 510 (1978) 271—277.

Bernhardt, K., Helbig, A.: Zur Klimatologie niedertroposphärischer Inversionen über dem Gebiet der DDR. Abh. Meteor. Dienst DDR **XVII** (1982) 128, 115—128.

Bernhardt, K., Kortüm, F.: Beeinflussung der Atmosphäre durch menschliche Aktivitäten. Geod. Geoph. Veröff. R. II (1976) 21, 3—62.

Bodin, S.: Applied numerical modeling of the atmospheric boundary layer. SMHI Rapporter, Undervisning RU **15** (1978) 150 S.

Bodin, S.: A predictive numerical model of the atmospheric boundary layer based on the turbulent energy equation. SMHI Rapporter Met. och Klim. **13** (1979) 138 S.

Böer, W.: Die mittlere Windversetzung in Potsdam. Ein Beitrag zur Kenntnis der Allgemeinen Zirkulation über Mitteleuropa. Abh. Meteor. Hydr. Dienst DDR, **VII** (1960) 53, 83 S.

Böer, W.: Technische Meteorologie. Leipzig 1964, 232 S.

Böhlen, Th.: The influence of aerosol particles on the warming of urban and rural atmospheres. Meteor. Rdsch. **31** (1978) 3, 87—91.

Böhlen, Th., Eiden, R.: Vergleichende Studie zum Einfluß des Aerosols auf den Energiehaushalt der ruralen und urbanen Atmosphäre. Ann. Meteor. NF 12 (1977) 222—223.

Böhm, R., Gabl, K.: Die Wärmeinsel einer Großstadt in Abhängigkeit von verschiedenen meteorologischen Parametern. Arch. Meteor. Geoph. Biokl. **B 26** (1978) 2—3, 219—237.

Bolin, B.: Global ecology and man. World Climate Conf., 1979, Paper No. 2.

Borisenko, M. M.: Raspredelenie vetra v nižnem 200—metrom sloe atmosfery nad gorodom. Trudy GGO 368 (1977) 147 S.

BORNSTEIN, R. D.: Observations of the urban heat island effect in New York City. J. Appl. Meteor. 7 (1968) 575—582.

BORNSTEIN, R. D.: The two-dimensional URBMET-urban boundary layer model. J. Appl. Meteor. 12 (1975) 1459—1477.

BORNSTEIN, R. D., OKE, T. R.: Influence of pollution and urbanization climates. In: Advanc, in Envir. Sci. and Engineering, New York, Vol. 2 (1979) 1—46.

BREEDING, R. J., HAAGENSON, P. L., ANDERSON, J. H., LODGE, J. P.: The urban plume as seen at 80 and 120 km by five different sensors. J. Appl. Meteor. 14 (1975) 204—216.

BRIDGEMAN, H. A.: The influence of urban pollution on the spectrum of direct visible radiation. XXIII. Intern. Geogr. Congr. 2 (1976) 145—151.

Brockhaus: Brockhaus ABC der Naturwissenschaft und Technik, Leipzig, 7. verb., erw. Aufl., 1960.

BUDYKO, M. I.: Klimat i žizn'. Leningrad 1971, 472 S.

BUDYKO, M. I.: On present-day climate changes, Tellus 29 (1977) 3, 193—204.

BUETTNER, K. J., KERN, C. D.: The determination of infrared emissivities of terrestrial surfaces. J. Geophys. Res. 70 (1965) 6, 1329—1331.

CARLSON, T. B., BOLAND, F. E.: Analysis of urban-rural canopy using a surface heat flux/temperature model. J. Appl. Meteor. 17 (1978) 7, 998—1013.

CARLSON, T. N., DODD, J. K., BENJAMIN, S. G., COOPER, J. N.: Satellite estimation of the surface energy balance, moisture availability and thermal inertia. J. Appl. Meteor. 20 (1981) 1, 67—75.

CEJTIN, G. CH.: K voprosy o transformacii temperatury vozducha nad territoriej goroda. Trudy GGO 326 (1975) 30—42.

ČERNAVSKAJA, M. M.: Srednee al'bedo učastkov gorodskoj zastrojki. In: Klimat i gorod. Materialy konf. „Klimat-gorod-čelovek", Moskva 1974, 30—34.

CHANDLER, T. J.: Urban climatology and its relevance to urban design. WMO-Techn. Note 149 (1976) 61 S.

CICENKO, G. V.: Radiacionnyi balans vertikal'nych poverchnostej zdanija. Trudy GGO 209 (1967) 94—100.

COLACINO, M.: Infrared radiometric measurements for the study of Rome urban heat island. Arch. Meteor. Geoph. Biokl. B 26 (1978) 2—3, 207—217.

CRAIG, C., LOWRY, W.: Reflections on the urban albedo. Proc. Conf. Urban Envir. 2. Conf. Biomet. (1972) 159—164.

DELAGE, Y., TAYLOR, P. A.: Numerical studies of heat island circulations. Bound. Layer Meteor. 1 (1970) 201—206.

DENEŽKINA, L. A., ŽVALEV, V. E., PROKOF'EV, M. A., PROKOF'EVA, L. I., TER-MARKARJANZ, N. E.: Rezul'taty aktinometričeskich nabljudenij v svobodnom atmosfere v ėkspedicii KĖNĖKS. Trudy GGO 332 (1974) 30—46.

DMITRIEVA-ARRAGO, L. R., SAMOILOVA, L. V.: K rasčete polja korotkovolnovoj radiacii v šeme obščej cirkuljacii atmosfery. Fiz. atm. okeana 1 (1970) 29—36.

DRONIA, H.: Der Stadteinfluß auf den weltweiten Temperaturtrend. Meteor. Abh. FU Berlin (West), LXXIV (1967) 4, 30 S.

DSAB 1975: Katalog der Datenspeicher-Arbeitsbänder. Lochkartentechnik und Datenbearbeitung im Meteorologischen Dienst der DDR, 4. Nachtrag, 1975.

DYCK, S. u. Autorenkoll.: Angewandte Hydrologie. Teil 2, Berlin 1978, 544 S.

EGGER, J.: The impact of waste heat on the atmospheric circulation. In: Man's impact on climate. Develop. Atm. Sci. Vol. 10 (1979) 243—251.

EHLERT, W. u. Autorenkoll.: Wörterbuch der Ökonomie — Sozialismus. Berlin 1973:, 3. Aufl.

ERICSON, K., BODIN, S.: A predictive one—dimensional boundary layer model. Prepr. WMO-Conf. Bound. Layer Phys., 1978, 16 S.

FEDOROV, E. K.: Optimierung der Beziehungen zur Natur. Gesellschaftswiss. 17 (1979a) 1, 233—251.

FEDOROV, E. K.: Climatic change and human strategy. World Climate Conf., Paper No. 1, 1979b.

FLOHN, H.: Produzieren wir unser eigenes Klima? Meteor. Rdsch. 23 (1970) 6, 161—164.

FLOHN, H.: Natürliche und anthropogene Klimamodifikation. Ann. Meteor. NF 6 (1973) 59—66.

FOITZIK, L., HINZPETER, H.: Sonnenstrahlung und Lufttrübung. Leipzig 1958: 309 S.

FORTAK, H. G.: Beeinflussung des Lokalklimas durch große Energieerzeugungs- und Verbraucherzentren. In: Vortr. Int. Konf. Energie u. Umwelt ENVITEC 77, Essen 1977, 113—117.

FORTAK, H. G.: Entropy and climate. In: Man's impact on climate. Develop. Atm. Sci. Vol. 10 (1979) 1—14.

FRANK, R. S., GERDING, R. B., O'ROURKE, P. A., TERJUNG, W. H.: An urban radiation obstruction model. Bound. Layer Meteor. 20 (1981) 259—264.

FUGGLE, R. F., OKE, T. R.: Longwave radiative flux divergence and nocturnal cooling of the urban atmosphere. I: Above roof level. Bound. Layer Meteor. 10 (1976) 2, 113—120.

GAJZAGO, L.: Out-door microclimates and human comfort. Prepr. Conf.: „Teaching the teachers" Vol. 1 (1972) 12 S.

GANEV, K.: Njakoi rezultati ot čislenoto modelirane na mezometeorologičnite procesi v Sofijskoto pole. Bulg. Geoph. J. VII (1981) 3, 3—15.

GEIGER, R.: Das Klima der bodennahen Luftschicht. Braunschweig 1961, 4. neub. erw. Aufl., 646 S.

GEHRKE, A.: Oberflächen- und Lufttemperatur in Abhängigkeit von der Baukörperstruktur. Ann. Meteor. NF Nr. 12 (1977) 193—196.

GERTHSEN, CHR.: Physik. Berlin 1951, S. 463.

GÖTSCHMANN, G.: Maximale Windgeschwindigkeiten in der DDR. Diss. HU Berlin, 1971, 165 S.

GRAF, H.-F.: Der Einfluß von Großstädten auf das Niederschlagsregime am Beispiel von Berlin. Diss. A HU Berlin, 1979, 198 S.

GRAF, H.-F. GRÄFE, I.: Die Niederschlagsverteilung im Raum Berlin in Abhängigkeit von Höhenwetterlage und Bodenwindrichtung. Z. Meteor. 29 (1979) 1, 56—64.

GUSAK, Z. K.: Promyšlennye zagrjaznenija i tuman. Trudy Ukr. NIGMI 154 (1977) 109—115.

GUTMAN, D. P., TORRANCE, K. E.: Response of the urban boundary layer to heat addition and surface roughness. Bound. Layer Meteor. 9 (1975) 217—233.

HÄNSEL, CHR.: Messungen der Extinktion der Sonnenstrahlung in der atmosphärischen Bodenschicht des Stadtgebietes Leipzig. Z. Meteor. 28 (1978) 1, 31—33.

HÄNSEL, CHR.: Meteorologische Abhängigkeiten der SO_2-Immissionen in der atmosphärischen Bodenschicht über Leipzig. Technik u. Umweltschutz, Nr. 21 (1979) 176—185.

HALSTEAD, M. H., WICHMAN, R. L., COVEY, W., MERRYMAN, J. D.: A preliminary report on the design of a computer for micrometeorology. J. Meteor. 14 (1957) 4, 308—325.

HELBIG, A.: Über den aerologischen Zustand bei Industriethermik. Dipl. Arb. KMU Leipzig, 1966, unveröff., 86 S.

HELBIG, A.: Über die Änderung der Steiggeschwindigkeit von Radiosondenballonen in der planetarischen Grenzschicht. Z. Meteor. 27 (1977) 4, 254—261.

HELBIG, A.: Über die Modellierung des Stadtklimas. Schriftenreihe der Sektion Architektur TU Dresden (1978) 89—94.

HELLMANN, G.: Resultate des Regenmeßversuchsfeldes bei Berlin 1885—1891. Meteor. Z. 9 (1892) 173—181.

HELLMANN, G.: Über die Temperatur in und außerhalb von Berlin. Jahresber. Berl. Zweigver. Dt. Meteor. Ges., 1894a.

HELLMANN, G.: Das Klima von Berlin I. Veröff. Preuß. Meteor. Inst. Abh. Nr. 4 (1894b) 75—113.

Hellmann, G.: Das Klima von Berlin II. Veröff. Preuß. Meteor. Inst. Abh. Nr. 221 (1910) 108 S.

Hermann, G.: Statistische Auswertung der Staubregistrierung von Berlin für den Zeitraum 1969—1971. Dipl. Arb. HU Berlin, 1974, unveröff., 29 S.

Heuseler, H.: Extreme Temperaturdifferenzen Stadt-Land in Strahlungsnächten. Umschau **65** (1965) 2, S. 60.

Holzworth, G. C.: Climatological aspects of the composition and pollution of the atmosphere. WMO-Techn. Note No. 139 (1974) 43 S.

Horn, K.: Lufthygiene. — Medizinische Aspekte des Umweltschutzes, Berlin 1979, 174 S.

Hosler, C. L., Landsberg, H. E.: The effect of localized man — made heat and moisture sources in mesoscale weather modification. In: Energy and climate. Studies in Geophys., Washington 1977, 96—107.

Houghton, J. T.: The physics of atmospheres. London 1977, 203 S.

Ivanyi, Zs.: Anthropogenic modification of the temperature profile in the planetary boundary layer. Idöjaras **80** (1976) 6, 342—349.

Israel, H., Israel, G.: Spurenstoffe in der Atmosphäre. Stuttgart 1973, 116 S.

Jahrbuch: Meteorologisches Jahrbuch der DDR. Hrsg. Meteorologischer Dienst der DDR, Potsdam.

Kasten, F.: A new table and approximation formula for the relative optical air mass. Arch. Meteor. Geoph. Biokl. **B 14** (1966) 206—223.

Kastrov, V. G.: Ob otraženii radiacii gorodom. Meteor. i Gidr. (1940) 4, 3—10.

Keuler, P. M.: Der Einfluß großer Stadtgebiete auf das Windfeld. Ann. Meteor. NF **16** (1980) 90—92.

Klausnitzer, B.: Lebensraum Stadt. Ökologische Forschungen in der Stadt. Wiss. u. Fortschr. **31** (1981) 3, 90—94.

Klima: Das Klima von Berlin (II). Temperaturverhältnisse (Tabellen). Abh. Meteor. Dienst DDR, **XIII** (1971) 103, 187 S.

Kohl, E.: Die interdiurne Veränderlichkeit der Lufttemperatur in Berlin. Diss. HU Berlin, 1966, 56 S.

Kondrat'ev, K. Ja.: Lučistaja energija solnca. Leningrad 1954, 600 S.

Kondrat'ev, K. Ja.: Lučistyj teploobmen v atmosfere. Leningrad 1956, 420 S.

Kondrat'ev, K. Ja.: Akinometrija. Leningrad 1965, 691 S.

Kondrat'ev, K. Ja.: Radiation in the atmosphere. London 1969, 912 S.

Kondrat'ev, K. Ja.: Radiation processes in the atmosphere. WMO-No. 309 (1972) 214 S.

Kondrat'ev, K. Ja.: Radiacionnye faktory sovremennych izmenenij global'nogo klimata. Leningrad 1980, 278 S.

Kondrat'ev, K. Ja., Korzov, V. J.: Spektral'noe al'bedo goroda po dannym ėkspedicii KĖNĖKS-72. Trudy GGO 331 (1975) 36—40.

Kratzer, A.: Das Stadtklima. Braunschweig 1956, 2. Aufl., 184 S.

Kraujalis, M.-W.: Die räumliche Verteilung der Jahressummen der Wärme aus künstlichen Quellen im Gebiet der Volksrepublik Polen. Z. Meteor. **25** (1975) 5, 312—317.

Kremser, V.: Der Einfluß der Großstädte auf die Luftfeuchtigkeit. Meteor. Z. **25** (1908) 206—209.

Kremser, V.: Ergebnisse vieljähriger Windregistrierungen in Berlin. Meteor. Z. **26** (1909) 259—265.

Kuhn, P. M.: Radiometersonde observations of infrared flux emissivity of water vapour. J. Appl. Meteor. **2** (1963) 368—378.

Kung, E. C., Boyson, E. A., Lenschow, D. H.: Study of continental surface albedo on the basis of flight measurements and structure of the earth surface cover over North America. Mon. Weath. Rev. **92** (1964) 543—564.

Länder: Länder der Erde — Politisch-ökonomisches Handbuch. Berlin 1980, 7. Aufl.

Landsberg, H. E.: Climates and urban planning. WMO-Tech. Note No. 108 (1970), Doc. 37, 17 S.

Landsberg, H. E.: The role of reference stations in the search for climatic trends. Ann. Meteor. NF **16** (1980) 28—29.

Landsberg, H. E., Brush, D. A.: Character of the heat island in Baltimore, Maryland. Univ. Maryland, Techn. Note BN-948 (1980) 6 S.

Lange, K.-H.: Auswertung der Temperaturregistrierung in 3 m, 135 m, 260 m und 360 m an der Meteorologischen Station Berlin (Stadtmitte) im Zeitraum Juni 1970—August 1972. Dipl. Arb. HU Berlin 1973, unveröff., 26 S.

Langner, A.: Energiebewußter Städtebau — Aufgaben und Probleme. Architektur der DDR **12** (1980) 714—719.

Langner, A., Schönermark, E. v.: Der Einfluß meteorologischer Elemente auf die Elektroenergieversorgung und Untersuchungsergebnisse zur Vorhersage der Tageshelligkeit. In: Industriemeteorologie, Leipzig 1969, 149—180.

Lazareva, N. A., Orlenko, L. R., Škljarevič, O. B.: Vlijanie mezoneodnorodnostej podstilajuščej poverchnosti na profil vetra v prograničnom sloe atmosfery. Trudy GGO 326 (1975) 102—108.

Lee, D. O.: Contrasts in warming and cooling rates at an urban and a rural site. Weather **34** (1979) 2, 60—66.

Lee, R. L., Olfe, D. B.: Numerical calculations of temperature profiles over an urban heat island. Bound. Layer Meteor. **7** (1974) 1, 39—52.

Lehmann, A., Petzold, B.: Meteorologische Bedingungen in Großstädten der DDR. Symp. „Hygienische Anforderungen an die Gestaltung und Umgestaltung von Wohngebieten", Dresden, 1978, 107—118.

Lettau, H.: Note on aero-dynamic roughness parameter estimation on the basis of roughness element description. J. Appl. Meteor. **8** (1969) 828—832.

Lettau, H., Davidson, B.: Exploring the Atmosphere's First Mile. New York u. London Vol. 1 (1957) 83—86.

Lewis, J. E., Outcalt, S. I.: Verifying an urban surface climate simulation model. XXIII. Intern Geogr. Cong. Add. Vol. 12 (1976) 52—57.

Lexikon: Meyers Neues Lexikon in acht Bänden. Leipzig 1961.

List, R. J.: Smithsonian Meteorological Tables, Washington 1958, S. 420.

Lowry, W. P.: Project METROMEX, its history, status and future. Bull. Am. Meteor. Soc. **55** (1974) 2, 87—88.

Lukač, J.: Einfluß der Stadtatmosphäre auf die Übertragung der Sonnenstrahlung. Studia geoph. et geod. **17** (1973) 262—264.

Machalek, A.: Der Einfluß eines Betonturmes auf die Temperaturregistrierung. Wetter und Leben **26** (1974) 2, 69—86.

Malberg, H.: Die lokalklimatischen Wind- und Inversionsverhältnisse von Berlin. Ann. Meteor. NF **12** (1977) 213—217.

Manabe, S., Strickler, R. F.: Thermal equilibrium of the atmosphere with a convective adjustment. J. Atm. Sci. **21** (1964) 4, 361—385.

Marčuk, G. I., Penenko, V. V., Alojan, A. E., Lazriev, G. L.: Čislennoe modelirovanie mikroklimata goroda. Meteor. i Gidr. **8** (1979) 5—15.

Matson, M., Legeckis, R. V.: Urban heat islands detected by satellite. Bull. Am. Meteor. Soc. **61** (1980) 3, S. 212.

Matveev, L. T.: Osnovy obščej meteorologii. Fizika atmosfery. Leningrad 1965, 876 S.

Matveev, L. T.: Osobennosti meteorologičeskogo režima bol'šogo goroda. Meteor. i Gidr. (1979) 5, 22—27.

Mayer, H., Noack, E.-M.: Einfluß der Schneedecke auf die Strahlungsbilanz im Großraum München. Meteor. Rdsch. **33** (1980) 65—74.

McDonald, J. E.: Direct absorption of solar radiation by atmospheric vapour. J. Meteor. **17** (1960) 3, 319—328.

McElroy, J. C.: A numerical study of the nocturnal heat island over a medium sized mid-latitude city (Columbus, Ohio). Bound. Layer Meteor. **3** (1973) 442—453.

Melgarejo, J.: A numerical simulation of wind over Gotland with a two-dimensional mesometeorological boundary layer model. Rep. 11 for Nat. Swed. Board for Energy Source Devel., Project No. 5060 104 (1980) 25 S.

Melgarejo, J.: Programmunterlagen BOLM1D — Instationäres Grenzschichtmodell am Sveriges Meteorologiska och Hydrologiska Institut (SMHI), persönl. Mitteilung, 1982.

Melgarejo, J., Bodin, S.: Numerical simulation of local modification of PBL-flow caused by differential heating, roughness change and momentum sinks. Prepr. WMO-Conf. Bound. Layer Phys., 1978, 22 S.

Menzel, K., Haase, M.: Die Hauptstadt der DDR Berlin. Wiss. Abh. Geogr. Ges. DDR **10** (1969) 1—20.

Merkor: Mehrfache Korrelations- und Regressionsanalyse (BESM-6-Programm). Zentrum f. Rechentechnik der AdW, ZfR-C-75.01.

Miller, E. L., Johnston, R. E., Lowry, W. P.: The case of the muddled metromodel. Prepr. Conf. Urban Envir. 2. Conf. Biomet., 1972, 77—82.

Möller, F.: Ein Kurzverfahren zur Bestimmung der langwelligen Ausstrahlung dicker Atmosphärenschichten. Arch. Meteor. Geoph. Biokl. **A 7** (1954) 158—169.

Mohry, H., Wilsdorf, J.: Herabsetzung der Emissionen in Wohngebieten durch Brennstoffumstellung und Veränderung der Heizungsart. Technik und Umweltschutz Nr. 2 (1972) 82—96.

Munn, R. E.: Urban meteorology: Some selected topics. Bull. Am. Meteor. Soc. **54** (1973) 90—93.

Munn, R. E., Machta, L.: Human activites that effect climate. World Climate Conf. 1979, Paper No. 8.

Myrup, L. O.: A numerical model of the urban heat island. J. Appl. Meteor. **8** (1969) 6, 908—918.

Nappo, C. J.: A numerical study of the urban heat island. Prepr. Conf. Urban Envir. 2. Conf. Biomet., 1972, 1—4.

Nkemdirim, L. C.: A note on the albedo of surfaces. J. Appl. Meteor. **11** (1972) 867—874.

Nkemdirim, L. C.: Dynamics of an urban temperature field — a case study. J. Appl. Meteor. **15** (1976) 818—828.

Nübler, W.: Konfiguration und Genese der Wärmeinsel der Stadt Freiburg. Freiburger Geogr. Hefte 16 (1979) 113 S.

Nunez, ., Oke, T. R.: Longwave radiative flux divergence and nocturnal cooling of the urban atmosphere. II: Within an urban canyon. Bound. Layer Meteor. **10** (1976) 2, 121—135.

Nunez, M., Oke, T. R.: The energy balance of an urban canyon. J. Appl. Meteor. **16** (1977) 1, 11—19.

Oke, T. R.: Evapotranspiration in urban areas and its implications for urban climate planning. Prepr. Conf. „Teaching the teachers" Vol. 3 (1973) No. 53.

Oke, T. R.: Review of urban climatology 1968—1973. WMO-Techn. Note No. 134 (1974) 132 S.

Oke, T. R.: The distinction between canopy and boundary urban heat islands. Atmosphere **14** (1976) 268—277.

Oke, T. R.: The urban atmosphere as an environment for air pollution dispersion. WMO-No. 493 (1977) 317—332.

Oke, T. R.: Boundary layer climates. London 1978a, 372 S.

Oke, T. R.: Surface heat fluxes and the urban boundary layer. WMO-Symp. Bound. Layer Phys., WMO-No. 510 (1978b) 63—69.

Oke, T. R.: Review of urban climatology 1973—1976. WMO-Techn. Note No. 169 (1979a) 100 S.

Oke, T. R.: Advectively-assisted evapotranspiration from irrigated urban vegetation. Bound. Layer Meteor. **17** (1979b) 167—173.

Oke, T. R.: The energetic base of the urban heat island. Quart. J. Roy. Meteor. Soc. **108** (1982) 455, 1—24.

Oke, T. R., East, C.: The urban boundary layer in Montreal. Bound. Layer Meteor. **1** (1971) 4, 411—437.

Oke, T. R., Fuggle, R. F.: Comparison of urban/rural counter and net radiation at night. Bound. Layer Meteor. **2** (1972) 290—308.

Oke, T. R., Maxwell, G. B., Yap, D.: Comparision of urban/rural cooling rates at night. Prepr. Conf. Urban Envir. 2. Conf. Biomet., 1972, 17—21.

Ott, R.: Wind- und Temperaturprofile über Städten. Dipl. Arb. HU Berlin, 1979, unveröff., 94 S.

Outcalt, S. I.: The development and application of a simple digital surface-climate simulator. J. Appl. Meteor. **11** (1972) 629—636.

Paltridge, G. W., Platt, C. M. R.: Radiation processes in meteorology and climatology. Develop. Atm. Sci. Vol. **5** (1976) 318 S.

Quafe, R. G., Diaz, H. F.: Heating degree day data applied to residential heating energy consumption. J. Appl. Meteor. **19** (1980) 3, 241—246.

Radiosonde: Radiosonde RKZ-5-II. Technische Beschreibung und Betriebsanleitung. Moskau, 24 S.

Rao, P. K.: Remote sensing of urban heat islands from an environmental satellite. Bull. Am. Meteor. Soc. **53** (1972) 7, 647—648.

Rastorgueva, G. P.: Charakteristika meteorologičeskogo režima prizemnogo sloja vozducha za period ėkspedicii v Zaporož'e. Trudy GGO 332 (1974) 17—23.

Rauner, I. L., Černavskaja, M. M.: Teplovoj balanz goroda i vlijanie gorodskogo ozolenenija na temperaturnyj režim. Izv. AN, ser. geogr. **5** (1972) 46—53.

Reiber, M.: Eine aerologische Studie über die Bildung und Auflösung von Bodeninversionen. Dipl. Arb. KMU Leipzig, 1967, unveröff., 124 S.

Reichel, E.: Ein Beispiel großer Temperaturunterschiede zwischen Stadt- und Freilandstationen, Veröff. Preuß. Meteor. Inst. Ber. Nr. 402 (1933) 72—75.

Reichenbächer, W.: Zeitlich-räumliche Entwicklung der städtischen Wärmeinsel im Berliner Raum am 6./7. August 1974 und am 26./27. Februar 1975. Beil. Berliner Wetterkarte, Inst. Meteor. FU Berlin(West), SD 23 (1978) 10 S.

Richter, B.-L.: Verlauf von Temperatur und Feuchte an einer Reihe von heiteren Tagen des Sommers 1968 in der Innenstadt und in den Außenbezirken West-Berlins. Meteor. Abh. FU Berlin (West), **110** (1969) 3, 52 S.

Richter, L.: Strahlungsprozesse in der Stadtgrenzschicht. Dipl. Arb. HU Berlin, 1980, unveröff., 90 S.

Riesner, W.: Energiebilanzen und ihre Deckung. Wiss. Fortschr. **30** (1980) 10, 392—397.

Rink, J.: Über das Verhalten des mittleren vertikalen Temperaturgradienten der bodennahen Luftschicht (1—76 m) und seine Abhängigkeit von speziellen Witterungsfaktoren und Wetterlagen. Abh. Meteor. Hydr. Dienst DDR, **III** (1953) 10, 43 S.

Rotty, R. M.: Energy demand and global climate change. In: Man's impact on climate. Develop. Atm. Sci. Vol. 10 (1979) 269—283.

Rubinštejn, E. S.: Odnorodnost' meteorologičeskich rjadov vo vremeni i prostranstve v svazi s issledovaniem izmenenija klimata. Leningrad 1979, 80 S.

Rusina, E. N.: Nekotorye rezul'taty nazemnych spektral'nych aktinometričeskich nabljudenij. Trudy GGO 332 (1974) 47—50.

Sawai, I.: Formation of the urban air mass and the associated local circulation. J. Meteor. Soc. Jap. **56** (1978) 3, 159—174.

Scamoni, A.: Die heutige Vegetation im zentralen Tieflandbereich der DDR östlich der Elbe. Wiss. Abh. Geogr. Ges. **10** (1969) 167—176.

Schmetz, J., Raschke, E.: A method to parametrize the downward solar radiation at ground. Arch. Meteor. Biokl. Geoph. **B 26** (1978) 143—151.

Schönwiese, C. D.: Ist der Temperaturanstieg in der 1. Hälfte des 20. Jahrhunderts ein Stadtklimaeffekt? Meteor. Rdsch. **33** (1980) 5, 155—156.

SCHULZE, P.: Die horizontale Temperaturverteilung in Großstädten, insb. die West-Berlins in winterlichen Strahlungsnächten. Meteor. Abh. FU Berlin(West) **91** (1969) 2, 52 S.

SCHWALBE, G.: Bemerkungen zu den Temperaturbeobachtungen in Berlin und Umgebung. Veröff. Preuß. Meteor. Inst. Nr. 272 (1913) S. 85.

SEKIGUTI, T., TAKANO, K.: Mathematical simulation of heat island model. Jap. Progr. Climatol. Nov. (1975) 80—81.

SELLERS, W. D.: Physical climatology. Univ. of Chicago Press 1965, 272 S.

SHEA, D. M., AUER, A. H.: Thermodynamic properties and aerosol pattern in the plume downwind of St. Louis. J. Appl. Meteor. **17** (1978) 5, 689—692.

ŠIFRIN, K. S., AVASTE, O. A.: Potoki korotkovolnovoj radiacii v bezoblačnoj atmosfere. Issl. po fizike atmosfery **2** (1960) 23—66.

SISTERSON, D. L., DIRKS, R. A.: Structure of the daytime urban moisture field. Atm. Envir. **12** (1978) 10, 1943—1948.

ŠMETER, S. M.: Vlijanie gorodskoj zastroiki na turbulentnost' v nižnej časti pograničnogo sloja atmosfery. Fiz. atm. i okeana **14** (1978) 3, 266—272.

SMIC-Report 1971: Inadvertent climate modification. Report of the study of man's impact on climate. MIT Press, Cambridge, Mass., London 1971, 308 S.

SMITH, G. D.: Numerische Lösung von partiellen Differentialgleichungen. Berlin 1971, 246 S.

SMOLEN, F.: Einfluß der Stadtatmosphäre auf die Elemente der Strahlungs- und Wärmebilanz. A.F.R.N. Univ. Comen.-Meteor. V (1972) 51—62.

SORBJAN, Z.: Čislennaja simuljacija termičeskoj struktury pograničnogo sloja atmosfery v predelach goroda. Z. Meteor. **28** (1978) 2, 65—70.

SORBJAN, Z., ULIASZ, M.: Some numerical urban boundary layer studies. Bound. Layer Meteor. **22** (1982) 481—502.

SPRIGG, W. A., REIFSNYDER, W. E.: Solar radiation attenuation through the lowest 100 meters of an urban atmosphere. J. Geophys. Res. **77** (1972) 6499—6507.

Statistisches Jahrbuch 1979, 1981: Statistisches Jahrbuch der DDR. Berlin 1979, 1981.

TAESLER, R.: Observational studies of three-dimensional temperature- and windfields in Uppsala. WMO-Symp. Bound. Layer Phys., WMO-Nr. 510 (1978) 23—30.

Tagebuch 1975: Meteorologisches Tagebuch. Lochkartentechnik und Datenbearbeitung im Meteorologischen Dienst der DDR. 4. Nachtrag, Potsdam 1975.

TAPPER, N. J., TYSON, P. D., OWENS, I. F., HASTLE, W. J.: Modeling the winter urban heat island over Christchurch, New Zealand. J. Appl. Meteor. **20** (1981) 4, 365—376.

Taschenbuch 1970: Meteorologisches Taschenbuch, Neue Ausgabe, Hrg. F. Baur, Bd. II, 2. verb. Aufl., Leipzig 1970, 712 S.

TAUBENHEIM, J.: Statistische Auswertung geophysikalischer und und meteorologischer Daten. Leipzig 1969, 386 S.

TERJUNG, W. J. et al.: The effect of a cyclonic storm on the energy flux at the urban interface — a preliminary experiment. Arch. Meteor. Biokl. Geoph. **B 19** (1971) 367—416.

TERJUNG, W. H., O'ROURKE, P. A.: Simulating the causal elements of urban heat islands. Bound. Layer Meteor. **19** (1980) 93—118.

TERJUNG, W. H., O'ROURKE, P. A.: Energy input and resultant surface temperatures for individual urban interfaces, selected latitudes and seasons. Arch. Meteor. Biokl. Geoph. **B 29** (1981 a) 1—22.

TERJUNG, W. H., O'ROURKE, P. A.: Relative influence of vegetation on urban energy budgets and surface temperatures. Bound. Layer Meteor. **21** (1981 b) 255—263.

TOMLAIN, J.: Einige Ergebnisse der Untersuchung des Temperaturfeldes im Gebiet von Bratislava. Acta F.R.N. Univ. Comen. — Meteor. **IX** (1979) 23—35.

TORRANCE, K. E., SHUM, J. S. W.: Time-varying energy consumptions as a factor in urban climate. Atm. Envir. **10** (1976) 329—337.

ULIASZ, M.: Wpływ miasta na dinamike granicznej warstw atmosfery. Prz. geofiz. **24** (1979) 1, 57—64.

VASIL'ČENKO, I. V., VDOVIN, V. I.: Nekotorye osobennosti stratifikacii temperaturnogo režima pograničnogo sloja atmosfery nad gorodom. Tr. GGO 332 (1974) 13—16.

VDOVIN, B. I.: Ob osobennosti stratifikacii nižnego kilometrogogo sloja vozducha nad Leningradom po dannym vertoletnych nabljudenij. Tr. GGO 293 (1973) 201—208.

VORONOVA, N. V.: O teplovom i dinamiceskom vlijanii goroda. Tr. GGO 423 (1979) 120—124.

VUKOVICH, F. M., DUNN, J. W., CRISSMAN, B. W.: A theoretical study of the St. Louis heat island: The wind and temperature distribution. J. Appl. Meteor. **15** (1976) 417—440.

WENDLING, U., POHL, R.: Ein Beitrag zur regionalen Verteilung der Globalstrahlung im Einflußbereich industrieller Ballungsgebiete. Z. Meteor. **29** (1979) 3, 189—190.

WELCH, R. M., PAEGLE, J., ZDUNKOWSKI, W. G.: Two-dimensional numerical simulation of the effects of air pollution upon urban-rural complex. Tellus **30** (1978) 2, 136—150.

WHITE, J. M., EATON, F. D., AUER, A. H.: The net radiation budget of St. Louis metropolitan area. J. Appl. Meteor. **17** (1978) 5, 593—599.

WILLIAMS, J., HÄFELE, W., SASSIN, W.: Energy and climate — a review with emphasis on global interactions. World Climate Conf., (1979) Paper No. 11.

WMO 1970: Urban climates (Vol. I). Building climatology (Vol. II) WMO-Techn. Notes No. 108, 109 (1970).

WÖRNER, H.: Die Berechnung der Globalstrahlung aus Trübungswert und Bewölkung. PAGEOPH **93** (1972) I, 177—186.

WUSTELT, J. 1962: Die Temperaturschwankungen in der Klimareihe von Jena und ihre Beziehungen zur Witterungskunde und zur Klimageschichte Europas. Abh. Meteor. Hydr. Dienst DDR, **IX** (1962) 66, 71 S.

YAP, D.: Seasonal excess urban energy and the nocturnal heat island — Toronto. Arch. Meteor. Biokl. Geoph. **B 23** (1975) 69—80.

YU, TSANN-WANG, WAGNER, N. K.: Numerical study of the nocturnal urban boundary layer. Bound. Layer Meteor. **9** (1975) 143—162.

ZAVARINA, M. V.: Stroitel'naja klimatologija. Leningrad 1976, 312 S.

ZDUNKOWSKI, W. A., JOHNSON, P. C.: Infrared flux divergency calculations with newly constructed radiation tables. J. Appl. Meteor. **4** (1965) 371—377.

ZIER, M.: Einige Ergebnisse von Schwebestaubmessungen in unterschiedlich verstaubten Gebieten der DDR. Technik und Umweltschutz Nr. 2 (1972) 65—81.

ZURMÜHL, R.: Praktische Mathematik für Ingenieure und Physiker. Berlin/Göttingen/Heidelberg 1963, 4. Aufl., 542 S.

FSC
www.fsc.org
MIX
Papier | Fördert gute Waldnutzung
FSC® C083411

Kolibri 360 GmbH
Ferdinand-Jühlke-Straße 7
99095 Erfurt, Deutschland
produktsicherheit@kolibri360.de